全国测绘地理信息职业教育教学指导委员会
测绘地理信息高等职业教育“十四五”规划教材

地理国情监测技术

Technology of National Geographical Census and Monitoring

郑　毅　孙晓莉　冯耀明　和万荣　主编
李　莉　主审

测绘出版社
·北京·

内容简介

地理国情是重要的基本国情,通过地理国情监测,可实现对自然要素和人文要素的调查、监测、评估与预测,为国家提供权威、客观、准确的地理国情信息。本书介绍了地理国情监测的基本概念,获取、处理、存储和分析地理国情监测数据的方法,地理国情变化检测的不确定性与质量检查,以及地理国情可视化等,力求简明清晰地为读者提供地理国情监测的基本理论、技术和方法。

本书可作为高职院校相关专业的教材,也可供从事地理国情监测的技术人员和相关行业从业人员参考学习。

图书在版编目(CIP)数据

地理国情监测技术 / 郑毅等主编. -- 北京 : 测绘出版社，2024.1

全国测绘地理信息职业教育教学指导委员会测绘地理信息高等职业教育“十四五”规划教材

ISBN 978-7-5030-4504-2

Ⅰ. ①地… Ⅱ. ①郑… Ⅲ. ①地理—监测—中国—高等职业教育—教材 Ⅳ. ①K92

中国国家版本馆 CIP 数据核字(2024)第 010875 号

地理国情监测技术

Dili Guoqing Jiance Jishu

责任编辑　安　扬　　**封面设计**　李　伟　　**责任印制**　陈姝颖

出版发行	测绘出版社	**电　话**	010—68580735(发行部)
地　址	北京市西城区三里河路 50 号		010—68531363(编辑部)
邮政编码	100045	**网　址**	https://chs.sinomaps.com
电子邮箱	smp@sinomaps.com	**经　销**	新华书店
成品规格	184mm×260mm	**印　刷**	北京建筑工业印刷有限公司
印　张	6.25	**字　数**	156 千字
版　次	2024 年 1 月第 1 版	**印　次**	2024 年 1 月第 1 次印刷
印　数	0001—2000	**定　价**	28.00 元

书　号　ISBN 978-7-5030-4504-2

本书如有印装质量问题,请与我社发行部联系调换。

前　言

地理国情是重要的基本国情，是制定和实施国家发展战略与规划、优化国土空间开发格局的重要依据，是推进自然生态系统和环境保护、合理配置各类资源、实现绿色发展的重要支撑，是做好防灾减灾和应急保障服务、开展相关领域调查和普查的重要数据基础。

2013年，国务院部署了第一次全国地理国情普查，获取了全覆盖、无缝隙、高精度的海量地理国情数据，全面准确地摸清了我国地理国情家底，为了解国情、把握国势、制定国策提供了基础数据支撑和科学手段保障。在已完成地理国情普查和监测试点的基础上，全面开展地理国情监测，对于履行新时期测绘地理信息主管部门的新职责和新使命、更好地服务经济社会发展和生态文明建设，具有重要的现实意义和深远的历史意义。

地理国情普查是利用多源遥感影像快速获取与处理、现场调查、信息提取、地理统计分析等技术手段，查清反映地表特征、地理现象和人类活动的基本地理环境要素的范围、位置、基本属性和数量特征，通过深入的统计和综合分析，形成这些基本地理环境要素的空间分布及其相互关系的普查结果。

地理国情监测已成为测绘地理信息部门必做的年度工作。地理国情监测综合利用现代测绘技术和调查技术，综合各时期档案和调查成果，对地形、水系、湿地、冰川、沙漠、地表形态、地表覆盖、道路、城镇等要素进行动态化、定量化、空间化的持续监测，并统计分析其变化量、变化频率、分布特征、地域差异、变化趋势等，形成反映各类资源、环境、生态、经济要素的空间分布及其发展变化规律的监测数据、地图图形和研究报告等，从地理空间的角度客观、综合展示国情国力。

利用第一次全国地理国情普查的成果和已有的地理信息资料进行地理国情监测，把地理国情普查数据在地理国情监测中加以应用，以创新手段开展地理国情监测工作，科学真实地反映城市在各个历史时期的变化，为城市快速科学发展提供有力的测绘保障，为政府决策提供可靠的数据服务。

作为常态化的监测工作，做好地理国情监测需要有不断的新生力量注入，如何更加有效地培养地理国情监测的后备力量也就成了关键，但目前市场上缺乏针对性较强的相关教材。正是基于此，编者组织了编写团队进行编写，编写团队除来自云南国土资源职业学院自然资源时空大数据应用技术科技创新团队成员外，还有企业专家。本教材可以说是校企合作的产物，希望本教材的出版能对地理国情监测技术人才的培养有所帮助。本教材任务一、四部分由孙晓莉完成，任务二、五、七部分由和万荣完成，任务三、六、八部分由冯耀明完成，全书统稿由郑毅负责。本书课件可通过测绘出版社网站(https://chs.sinomaps.com)下载中心获取。

由于编写团队经验不足，书中难免会有不当、不妥之处，欢迎读者反馈。

目　录

任务一　地理国情监测认知

［单元概述］

本任务紧紧围绕地理国情监测的相关内容和框架，从地理国情监测的概念、特点、任务、意义及内容等方面做出系统的介绍，使学生对地理国情监测有一个初步的认识。

一、任务要求

1. 理解地理国情监测的概念。
2. 了解地理国情监测的内容和框架。

二、学习内容

（一）地理国情监测的概念

1. 地理国情

国情是指一个国家在社会、政治、经济、文化等方面的基本情况和特点。可通过文字、图形、图像、符号、统计数据、模型等不同的数据形式对国情进行描述。根据不同行政地域范围尺度可将国情分为省情、市情、县情等。

地理国情是指那些与地理相关的自然要素和人文要素的国情，它从地理空间的角度分析、研究、描述和反映一个国家的自然、经济、人文状况。例如，国土疆域、地理区域、地形地貌、地表覆盖、地表水资源、道路交通网络、用地类型、城镇厂矿、环境与生态、灾害、生产力、人口、资源等在地理空间上的基本状况。其主要包括感知信息、统计信息和分析信息。感知信息是指直观反映在地图、遥感影像上的地理信息，如地形、道路、水系、居民地等信息；统计信息是指在感知信息的基础上，通过地学统计、地理分析所获得的数据信息，如国土面积、湖泊面积等信息；分析信息是指在不同时间开展地理信息的动态监测，揭示监测对象的变化规律，并分析其内涵与特点，预测其发展演化趋势的信息。

2. 地理国情监测

地理国情监测是综合利用全球导航卫星系统（global navigation satellite system，GNSS）、遥感（remote sensing，RS）、地理信息系统（geographic information system，GIS）等现代测绘技术和地理、人文、社会及科学调查技术，综合各时期档案和调查成果，对自然要素（冰川、沙漠、湿地等）、人文要素（道路、城镇等）进行动态化、定量化、空间化的持续监测，并统计、分析其变化量、变化频率、分布特征、地域差异、变化趋势等，形成反映各类资源、环境、生态、经济要素的空间分布及其发展变化规律的监测数据、地图和研究报告等，从地理空间的角度客观、综合地展示国情国力。概括地说，它以地球表层自然和人文现象的空间变化及它们之间的相互关系、特征等为基本内容，对构成国家物质基础的各种条件因素作出宏观性、整体性、综合性和动态性的调查、分析和描述，并通过可视化方法表达出来。

3. 地理国情监测的特点

（1）动态性。地理国情监测强调时效性，需要摒弃传统测绘中根据监测内容的更新情况进行周期性测绘的惯例，应做到动态跟踪测绘，及时、主动地发现各类要素的变化，并将信息快速提供给使用者。

(2)目的性。地理国情监测强调目标性、积极性，需要根据社会经济发展的实际需求，设置工作内容，转变服务方式，达成监测目的。

(3)适应性。为了保证地理国情监测活动的目的性要求，监测的适应性也是必须考虑的，如监测时效、监测技术等是否与监测任务相适应。

(4)综合性。地理国情监测的综合性主要反映在所使用的数据源、技术方法和专业知识的综合性。

(5)实践性。地理国情监测活动是具有明确目的的复杂实践性活动。

(6)全面性。地理国情监测的覆盖范围更加全面，包括全部陆海国土，其最终形成的监测信息可以通过多媒体形式予以展示，进一步拓展了测绘范围、内容以及功能。

(7)技术性。地理国情监测强调对测绘数据的统计分析，利用先进的测绘技术提高产品和服务的技术含量，大幅度提升地理信息的实用性、适用性，以满足社会经济发展对高质量信息保障服务的需求。

4. 地理国情监测的目的和意义

随着我国国民经济的飞速发展，单一、离散、静态的地理信息数据已经不能满足管理决策的实际需求，必须对自然与人类社会经济活动引起的地表变化进行连续、动态的信息获取与分析，为我国持续发展和科学管理提供全面、客观、综合、持续、现势性的地理国情监测数据。在此基础上，制定科学的、符合国情的发展战略与规划，并通过地理国情监测进一步落实并监督发展战略与规划的实施，评估发展战略与规划的执行效果，不断调整和优化发展方向，从而实现可持续发展。

因此，开展地理国情监测的目的和意义显得尤为重要，其主要包括以下几个方面：

(1)宏观调控的需要。通过地理国情监测，可加强对全国自然资源、生态环境状况的调查、监测、评估与预测，为国家提供客观、准确的地理国情信息，有利于从地理空间上合理布局人口和经济活动，有利于优化配置各类资源、促进区域优势互补、提升主体功能科学定位和保障国土空间高效利用。

(2)科学管理的需要。可持续的长远规划需要地表植被变化、土地利用变化、生态变化、城镇扩张等动态地理国情信息，揭示社会经济发展与自然资源环境的内在关系和演变规律，促进重大事项决策、重要项目安排的科学决策、科学评价、科学管理。

(3)持续发展的需要。地理国情监测可以客观、公正地监测、统计、分析自然和人文地理要素的变化，监测国家和地方重大工程的进展，监测道路、城建的发展和变迁，提供客观真实的地理信息，起到校正纠偏、辅助支持、监管检验等作用，促进信息共享和政务公开，减少和杜绝瞒报虚报，催生阳光行政。

5. 地理国情监测的分类

根据地域范围、监测尺度、监测时效性、监测目的、监测领域，地理国情监测可划分为不同的类型。监测类型不同，其所监测的对象、内容、任务、过程、目的、使用的数据来源以及评价指标和技术方法等也存在一定的差异性。

1)按照地理国情监测的地域范围划分

按照地域范围，地理国情监测可分为全球监测、区域监测、局部监测。全球地理国情监测是指监测对象和内容覆盖全球范围的监测，如全球地表覆盖变化监测；区域地理国情监测是指监测对象和内容跨洲或跨国家范围的监测，如区域土地利用动态变化监测；局部地理国情监测是指在一个国家范围内，或一个省、市、县等行政区划范围内从事的监测，如某个区域城镇化和城市群落变化监测。

2)按照地理国情监测的尺度划分

按照比例尺度或分辨率尺度，地理国情监测可分为宏观监测、中观监测和微观监测。宏观监测是指在大范围、小比例尺或低分辨率基础上的监测，监测结果仅反映监测对象的宏观数量、质量、分布特征和变化趋势等；微观监测是指在小范围、大比例尺或高分辨率基础上的监测，监测结果反映监测对象的微观数量、质量、分布特征和变化趋势，在内容描述上比宏观监测更为精细，但二者对观测内容的精细程度，一定程度上还取决于监测使用的数据源的尺度；中观监测是介于宏观和微观监测之间的监测。

3)按照地理国情监测的时效性划分

按照监测的时效性，地理国情监测可分为常态化监测和应急监测。常态化监测是一种长期的、持续的地理国情监测活动，往往在一定时期内获取监测对象的一系列变化数据，对其进行变化分析，以获取地理对象变化量、变化频率以及变化规律等。例如我国开展的第一次全国地理国情普查就属于常态化监测。应急监测与常态化监测相比，监测时间短，是一种在短期内完成的监测活动。例如针对地震、洪涝灾害等突发事件，需要在短时间内获得监测对象的状况和发展趋势，并根据所获得的信息进行快速的分析评估，以便做出及时、快速的应对策略。

4)按照地理国情监测的目的划分

按照监测的目的，地理国情监测可分为监视性监测、特定目的监测、研究性监测。监视性监测，是指关注监测对象的存在性、分布、变化趋势等特性的监测，一般对定量指标关注较少，即不对数量、质量等定量特征提出过高的要求，仅对地理位置信息和定性信息进行获取。例如，利用卫片执法时，监测的重点是有没有违法乱建现象发生，至于数量，可以没有那么精确；再如，监测泥石流等地质灾害时，可能更多的是监测灾害地点，而对数量方面的要求较低。绝大多数监测活动都属于特定目的监测，它们都是为了某种需求、目的而进行的明确的监测活动。研究性监测，主要是为研究目的服务的一类监测，是为了探究某些变化机理、变化模型以及为进一步开展监测工作进行的基础研究性监测活动。例如，可能是为某个研究课题，进行数据采集、处理分析、评价等活动，监测结果为课题研究提供信息支持；也可能是为了推动某项监测活动，需要研究监测使用的数据源、数据处理和分析方法、监测评价指标体系、监测计划和监测流程、监测标准化问题等，从而进行实验性、试点示范性监测。

5)按照地理国情监测的领域划分

按照监测的领域，地理国情监测可分为土地资源调查与监测、城镇化和城市变化监测等。不同领域的监测，在选择数据源、监测的尺度、监测的流程和计划以及数据处理方法、数据分析方法、评价指标体系、标准体系等方面会存在一定的差别。

(二)地理国情监测内容和框架

1. 地理国情监测对象

何谓地理国情监测对象，如何选择要监测的对象？这是从事地理监测活动之前要思考和回答的问题。实际上，监测的对象是多种多样的，但并不是所有的监测对象都需要采用地理方法，从空间分析的角度进行监测，如政治化、民主化、现代化进程等可能就不需要进行地理国情监测。地理国情监测对象是指需要或者可以利用地理监测方法进行监测的对象，其是与地理位置相关或是可以采用相关地理方法，从空间角度进行研究的对象。自然地理对象、人文地理对象，如江河湖泊、森林、湿地、道路、房屋等，都是监测的地理对象。除此之外，如经济数据、人口数据等，虽然仅仅是统计数据，并没有直接的空间参考位置信息，但仍可以通过空间分析的方法，赋予相应的空间参考位置，也可称为监测的地理对象。因此，无论自然地理对象还是人文地理对象，只要是可以空间化的地理对象，均属于地理国情监测对象的范畴。

2. 地理国情监测内容

当地理国情监测对象或监测领域确定后，紧接着就需要确定地理国情监测内容。对于地理国情监测，其监测的主要内容包括国土范围内的地形、地貌、水系、森林、湿地、冰川、沙漠、地表形态、地表覆盖、道路、城镇、重大工程、生态、环境、矿产资源、土地资源、自然灾害、气候气象、海洋、主功能区、突发事件、公共卫生、文化景观等，对其进行动态化、定量化、空间化的持续监测或应急监测等，并统计、分析其变化量、变化频率、覆盖率、分布特征、地域差异、变化趋势等内容。可将地理国情监测内容分为以下三个方面：

(1)自然地理要素监测。主要包括国土范围内的地形地貌、植被覆盖(耕地、林地、草地)状况、水域和湿地(河流、湖泊、水库、湿地)状况、荒漠与裸露地(沙漠、石砾地、盐碱地、沙地、裸露地)状况等监测。

(2)人文地理要素监测。主要包括国土范围内的交通网络(铁路、公路、交通设施)、居民地与设施(居住小区、工矿企业、广场)、地理单元(行政区划与管理单元、社会经济区域单元、自然地理单元)等监测。

(3)专题地理要素监测。主要包括灾害监测、沉降监测、突发应急事件等监测。

3. 地理国情监测任务

地理国情监测任务主要是采用遥感、全球导航卫星系统、地理信息系统等测绘地理信息先进技术，充分利用测绘地理信息部门最新获取的覆盖全国陆地国土的 1∶5 万基础地理信息、已有的 1∶1 万基础地理信息以及大量 1∶2 000 或更大比例尺的基础地理信息资源，整合利用其他部门已有的成果或与地理国情相关的专题信息，并对一些无数据或数据现势性差的重要区域进行补充、更新和细化，通过多源遥感影像快速获取与处理、现场调查、信息提取、地理统计分析等技术手段，对反映地表特征、地理现象和人类活动的各类地理环境要素进行空间化、定量化和属性化的调查，形成自然资源、生态环境以及人文现象的空间分布及其相互联系的全面地理国情普查结果。具体的任务可分为以下四个方面：

(1)调查自然地理要素的基本情况，包括与自然资源环境相关的地形地貌、植被覆盖、水域和湿地、荒漠与裸露地等地理要素的类别、位置、范围以及面积等，掌握其空间分布情况。

(2)调查人文地理要素的基本情况，包括与人类活动密切相关的交通网络、居民地与设施、地理单元等地理要素的类别、位置、范围和面积等，掌握其空间分布现状。

(3)开展地理国情综合统计分析，以及将地理信息与经济社会数据进行整合，对经济社会发展指标进行空间化、综合性统计分析评价。

(4)建立覆盖全国的地理国情本底数据库，形成一系列地理国情普查图集和普查报告，同时形成系统、规范的地理国情普查技术和标准体系，建立科学、高效的地理国情普查工作机制。

4. 地理国情监测技术框架

基础性地理国情监测是采用与第一次全国地理国情普查相一致的内容体系，进行覆盖全国、面向通用目标、综合考虑多种需求的常态化监测，其能够快速地提取出地理变化信息，并进行相关统计、分析，发布地理信息。其主要的技术架构如图 1.1 所示。

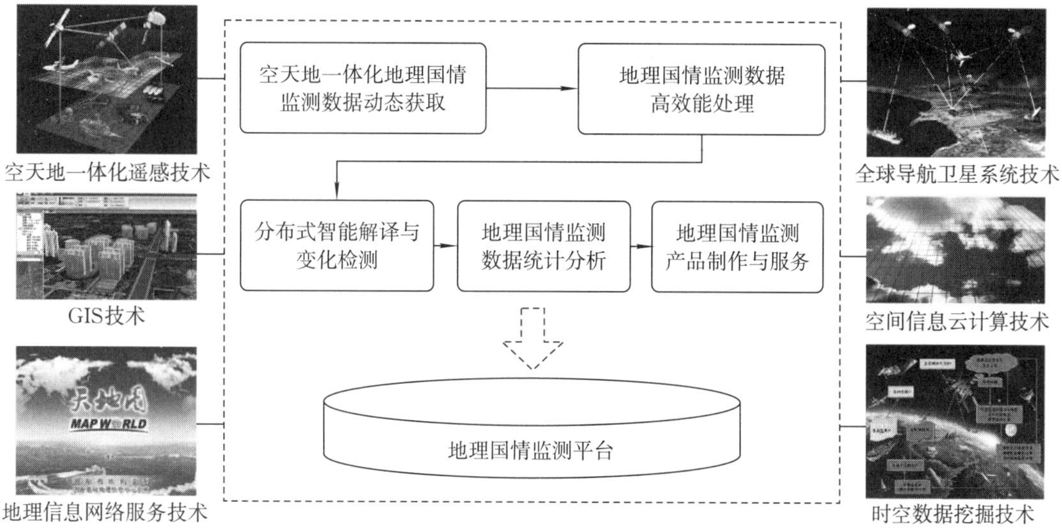

图 1.1　地理国情监测技术架构

5. 地理国情监测主要支撑技术

1)空天地一体化遥感技术

利用空天地一体化遥感技术宏观、动态、快速、准确、及时的特点，以多分辨率、多时间频度的光学、激光雷达(light detection and ranging，LiDAR)影像为主要数据源，大范围、多层次、多视角获取反映地理国情的遥感数据。

2)内外业一体化调查技术

在内业高精度遥感影像判读的基础上，采用野外数字化调绘系统等设备，进行地理国情要素移动式、网络化外业调查和验证，快速采集和编辑调查数据。

3)时空数据库技术

时空数据库技术是指在系统中增加对时间维的分析表达能力，提供历史分析与趋势分析的功能。主要有空间时间立体模型、序列快照模型、基态修正模型以及空间时间组合模型。

4)多源数据融合与处理技术

多源数据融合与处理技术可以从不同层次反映地物的特征信息。相比于单一数据而言，多源数据可以挖掘出地面目标的多维特征，从而提高目标检测和识别的准确率和可靠性。

5)遥感智能信息提取与解译技术

建立地理要素特征库与解译知识库，建立多维动态遥感数据形态、时态、纹理和空间关系等特征提取及其优化组合方法，实现网络分布式信息提取与解译判读。

6)地理要素的变化检测技术

采用多源多时相遥感影像对比等技术手段，对地理要素进行变化检测，获取重要地理要素和重点区域的变化信息，准确揭示空间分布及发展变化规律。

7)统计分析与时空数据挖掘技术

基于地理国情统计单元，利用综合分析、模拟预测、信息挖掘等手段，综合分析地理国情监测对象的内在空间特性、相互关系、分布规律和发展趋势。

8)可视化与服务技术

运用地图学、计算机图形学和图像处理技术，将地学信息输入、处理、查询、分析以及预测的结果，采用图形符号、图形、图像，并结合图表、文字、表格、视频等可视化形式进行显示，并进行交互处理的理论、方法和技术。

三、学习考核

(一)思考题

1. 何谓地理国情监测?
2. 地理国情监测的对象、任务、目的和意义是什么?
3. 地理国情监测的分类有哪些?

(二)练习题

1. 结合第一次全国地理国情普查的内容与要求，写出此次地理国情普查的一级类。
2. 使用相关软件，下载自己所在县(市、区)某年度的遥感影像。

(三)测试题

尝试将前面所下载的遥感影像，按自然地理要素监测内容进行判读解译。

任务二　获取地理国情监测数据

[单元概述]

地理国情监测对象主要为自然和人文地理要素，本任务围绕此主线分别介绍了地理国情监测数据源的类型及特点，以及获取这些数据的一些常用方式和手段。

一、任务要求

1. 能说明地理国情监测数据源类型及特点。

2. 能解释地理国情监测数据获取方法的主要特点。

二、学习内容

(一)地理国情监测数据源

地理国情监测对象为自然和人文地理要素，包括地形地貌、植被覆盖、水域、荒漠与裸露地、交通网络、居民地与设施以及地理单元等。按地理国情普查形成的数据库划分，包括基础地理信息数据、地理国情数据、地理国情监测变化数据等。

1. 基础地理信息数据

基础地理信息数据是底图数据，是国家自然资源管理部门通过各种测绘技术取得的成果，是符合国家规定的技术规范和标准的数字化测绘成果数据。基础地理信息数据库包括矢量地形数据库、数字栅格地图(digital raster graphic，DRG)数据库、地名数据库、数字高程模型(digital elevation model，DEM)数据库和数字正射影像数据库等。按照不同的比例尺，基础地理信息数据库的精度、详细程度和应用范围也不尽相同。

国家级基础地理信息数据库比例尺分为1∶100万、1∶25万和1∶5万三级，省级基础地理信息数据库比例尺分为1∶25万、1∶5万和1∶1万三级。通常，地理国情监测的底图数据库以国家级基础地理信息数据库为主，地理省情监测的底图数据库以省级基础地理信息数据库为主，地理县(市)情监测的底图数据库以县(市)级数字城市或地理信息共享服务平台提供的大比例尺基础地理信息数据库为主。

在地理国情、地理省情监测工作中，1∶5万基础地理信息数据库是最重要、最基础和应用最广的数据基础。1994年，原国家测绘局建成全国1∶100万矢量地形数据库、数字高程模型数据库以及1∶400万矢量地形数据库等；2000年建成全国1∶5万数字栅格地图数据库；2002年建成全国1∶5万数字高程模型数据库，并更新了全国1∶25万和1∶100万矢量地形数据库；2003年建成1∶5万土地覆盖数据库、地名数据库和TM影像数据库；“十一五”期间，国家组织实施了西部测图和国家1∶5万基础地理信息数据库更新两个重大工程，2011年完成了覆盖我国全部陆地国土范围的24 182幅1∶5万地形图数据及数据库建设；2009年完成第二次全国土地调查；2015年完成地理国情普查。

国家1∶5万基础地理信息数据库是覆盖全国范围的精度高、内容比较丰富的基础测绘成果，是用途广泛、使用频率较高的基础数据库之一，是国民经济建设、国防建设、国土整治、资源调查、环境保护、防灾减灾的基础性、战略性信息资源，是促进经济社会可持续发展的基础工具和重要保障。国家 1∶5 万基础地理信息数据库主要由矢量地形数据库、数字栅格地图数据库、地名数据库、数字高程模型数据库和空间分辨率为 1 m 或 2.5 m 的数字正射影像数据库等构成。

1)矢量地形数据库

矢量地形数据库是将国家基本比例尺地形图上各类要素，按照一定的规则和标准进行分层和分类编码，对各要素的空间位置、属性信息及相互之间的空间关系等信息进行采集、编辑和处理而建成的数据库。全国 1∶5 万矢量地形数据库按高斯-克吕格投影和地理坐标两种坐标系统分别存储，包括铁路、公路、居民地、境界、地形、植被、水系、辅助要素、坐标格网以及数据质量等数据层，共 400 多种地形要素，其中包括地形要素间的空间关系及相关属性信息，定期提高数据库现势性。

全国 1∶5 万矢量地形数据库是地理国情监测主要的数据库基础，是开展地理国情监测工作的本底依据，为地理国情监测的调查、统计、分析、可视化提供数据资源。

2)数字栅格地图数据库

数字栅格地图数据库是按照地图制图出版要求，以栅格图像方式保存的栅格数据库。数据库中存储和检索的最小单位为图幅，可以按图幅或区域进行管理。全国 1∶5 万数字栅格地图数据库是现有 1∶5 万模拟地形图的数字形式，按照地面分辨率 4 m 输出，按照 1∶5 万地形图图幅存储，存储格式为 TIFF。全国 1∶5 万数字栅格地图数据库在空间上包含 19 000 多幅 1∶5 万地形图数据。全国 1∶5 万数字栅格地图数据库主要用于地理国情监测调查工作底图的绘制，也是地理国情监测数据库运行与发布的一个载体。

3)地名数据库

地名数据库是将国家基本比例尺地形图上各类地名注记，包括行政区、居民地、海洋、河流、湖泊、岛屿、山脉、山峰、沙漠、盆地、自然保护地等名称，连同其汉语拼音及属性特征数字化后建成的数据库。它与矢量地形数据库之间通过技术接口码连接，可以作为独立关系的数据库运行，也可以相互访问。

全国 1∶5 万地名数据库以 1∶5 万地形图作为基础工作底图，充分利用民政部门提供的全国行政区划资料和地名志、地名普查图等地名资料，以及新的测绘成果，采用内业与有重点的实地核查相结合的地名更新方法，进行全国范围内建制村以上地名数据库的信息核查与采集。

地名是测绘地理信息产品不可或缺的要素之一，地名的直观性和高度概括性是其他要素不可比拟的，它与其他要素一起综合反映地理单元特征。1∶5 万地名数据库对于指导实际的地理国情监测野外调查工作、地理国情监测数据与其他部门统计资料的关联分析十分重要。

4)数字高程模型数据库

数字高程模型数据库是在平面域上按照一定的格网间隔采集地面高程而建立的规则格网高程数据库。高程数据可以利用数字摄影测量技术，直接通过航空摄影测量采集，也可以利用已有的矢量地形获取。

1∶5 万数字高程模型数据库主要采用全数字方式生产，部分利用 1∶5 万矢量地形数据库数据，通过构建不规则三角网（triangulated irregular network，TIN）和栅格处理，生成 25 m×25 m 格网形式的全国 1∶5 万数字高程模型。

1∶5 万数字高程模型数据库是地理国情监测地形分析、国情三维可视化的基础资料，也是开展地理国情监测工作中各种遥感影像资料正射校正不可或缺的资源。

5)数字正射影像数据库

数字正射影像数据库是基于各种航空航天遥感数据采集或扫描得到的影像数据，经过几何校正、辐射校正，并利用数字高程模型进行投影差改正处理生成数字正射影像，有时附以主要地名、居民地、境界等矢量数据而构成的影像数据库。影像可以是全色的、彩色的，也可以是多光谱的。可以采用压缩方式存储影像数据以节约存储空间，其比例尺与矢量地形数据库相一致。

全国 1∶5 万数字正射影像数据库是由 20 多万张航空像片和 8 000 多景卫星遥感影像通过正射处理生产，按标准 1∶5 万图幅范围裁切和镶嵌生成的地面分辨率为 1 m 或 2.5 m 的数字正射影像数据库。

全国 1∶5 万数字正射影像数据库是地理国情监测全面、基础的数据资源，也是各行各业开展地理国情监测的必备数据资料。通过充分整合现有的国家、省、市各级管理的基础地理信息和数字城市基础地理信息及专题数据，可以全面摸清我国地理国情的基本现状，构建多层次的地理国情基础地理信息数据库。

2. 地理国情数据

地理国情数据的来源非常广泛，既可以通过传统手段野外实测获取，又可以通过现代测绘新技术获取。不同格式的资料提供了不同的信息，不同的信息采集方式也不一样，必须根据监测具体情况来决定数据获取的方法、范围和种类。

1)地图数据

地图数据是地理国情的主要数据源，因为地图包含着丰富的内容，不仅含有实体的类别和属性，而且含有实体间的空间关系。地图数据主要通过对地图的跟踪数字化和扫描数字化获取。应用地图数据不仅可以作宏观的分析(用小比例尺地图数据)，而且可以作微观的分析(用大比例尺地图数据)。在使用地图数据时，应考虑地图投影所引起的变形，在需要时进行投影变换，或转换成地理坐标。地图数据通常用点、线、面及注记来表示地理实体及实体间的关系。

2)遥感数据

遥感数据是地理国情的重要数据源。遥感数据是地表情况的真实再现，能够客观准确地表达地表覆盖情况，除此之外，遥感数据还含有丰富的资源与环境信息，在地理信息系统支持下，可以与地质、地球物理、地球化学、地球生物、军事应用等方面的信息进行信息复合和综合分析。遥感数据是一种大面积的、动态的、近实时的数据源，遥感技术是基础数据库数据更新的重要手段。遥感数据用于提取线划数据和生成数字正射影像数据、数字高程模型数据。

3)测量数据

通过野外实地测量等获取的测量数据可以通过转换直接用于地理国情监测，便于进行实时的分析和进一步的应用。全球导航卫星系统所获取的数据也是地理信息系统的重要数据源。

4)文本资料

文本资料是指各行业、各部门的有关法规文献、行业规定、技术标准等。这些也属于地理国情的数据。

5)统计数据

国家的许多部门和机构都拥有不同领域(如人口、基础设施等)的大量统计资料,这些都是地理国情数据源,尤其是地理国情监测中属性数据的重要来源,如经济普查数据、人口统计数据、资源统计数据等。

6)监测数据

各种实验监测数据,如水文站的各种水文监测数据,气象站的各种气象监测数据,交通实时路况监测数据,人口流动数据,采用物理探测、化学探测方法获得的各种地球物化监测数据,等等,也是地理国情监测数据的重要组成内容。

按所获取数据的作用分类,地理国情监测数据可分为基础地理信息数据、地理国情变化数据和地理环境实时监测数据。

3. 地理国情变化数据

变化检测作为一种手段,已经广泛地应用在各个领域,如国土资源管理、城市土地管理、草地资源监测、森林资源监测、灾害动态监测、环境污染监测、国家重大生态工程检测等。在已有的地理国情监测基础数据支持下,可以利用当前数据获取技术及时获得地理国情变化数据,为地理国情监测提供现势性强的地理信息数据。

地理国情变化数据是指对不同时相的地理空间信息进行对比和变化检测的结果,也可以是对当前监测数据与基础数据库进行对比和变化检测的结果。目前已有的变化对比和动态监测的主要方法是利用多源多时相的遥感影像、数字地形图数据库、数字栅格地图数据库、数字高程模型数据库等进行变化检测。

地理国情变化数据主要有以下类型:

(1)遥感影像变化图斑。以基础数据库或前期遥感影像为基础,将地形地貌、土地利用类型基本相同和水土流失类型基本一致的土地单元分为一类,并作为基础调查单元,勾绘到地形图上成为图斑。通过对遥感影像分割处理或者矢量图套合,将整个影像划分成若干小的区域,这样的区域一般称为图斑或者像斑。另外,单一地类地块,以及行政界线、土地权属界线或线状地物分割的单一地类地块也称为图斑。以图斑为单位,可进行基础数据库或历史影像对比,从而获得遥感影像变化图斑。

(2)地形变化数据库。地形变化主要涉及地理实体空间形态和位置的变化。通过叠置分析可以得到地形变化数据。通常,将地形变化数据与文字资料、影像质量结合,可进行地形变化类型的判断,对部分矢量地形数据库进行合并或剔除处理。

(3)属性变化数据。由于事物在时刻发生着变化,很多地理实体对象的类别、权属、数量及描述都会变化,通过对不同时相地理实体的属性进行对比,可以得到属性变化数据。属性的变化直接影响着地理实体的状态和性质,是地理国情监测的一个重要内容。首先,一般通过空间叠置和缓冲区分析获得具有相同位置的地理实体;其次,通过检查实体的属性表,对比属性变化并进行判断;最后,统计汇总各个变化的实体对象及其属性。自动化的地理实体变化检测是当前地理信息系统智能分析和应用的一个重要研究方向,目前还没有成熟的智能属性变化检测方法,需要大量的人工交互,以提高属性变化数据的准确性和可靠性。

随着传感器技术、航空和航天平台技术及数据通信技术的发展,现代遥感测绘技术已经进入一个能够动态、快速、准确和多手段提供多种对地观测数据的新阶段,新型传感器不断涌现,为地理国情监测提供了天、空、地一体化的对地实时观测系统,其主要技术特点如下:

(1)多传感器集成。在三维空间数据采集与更新方面,传统的测绘手段存在一定的局限性,不同的数据获取手段之间往往存在互补性。可利用多种空间数据采集手段,将各种空间数据采集传感器进行集成。多传感器集成空间数据采集系统可利用多种空间数据采集传感器,进行全面高精度空间数据采集,为地理国情监测数据提供全面、可靠、高效的采集方式。

(2)高空间分辨率。随着对地观测技术的进步以及人们对地球资源和环境的认识不断深化,用户对高空间分辨率遥感数据的质量和数量的要求不断提高。高空间分辨率影像大幅度提高了人们对地理实体的辨识度,为地理国情的全面、精细、准确监测提供了丰富的遥感影像。

(3)高光谱分辨率。高光谱分辨率影像采用近乎连续的光谱通道,实现了对目标的精细、精确描述,是现代遥感技术的一个里程碑式发展。由于高光谱影像在光谱分辨率方面的巨大优势,地理国情监测可获取众多连续波段的地物光谱影像,达到直接识别地球表面物质的目的,为遥感对地观测、地物识别及地理国情变化检测提供了更充分的光谱信息。

(4)高时间分辨率。在较短的时间间隔重复获取一次新的信息,对于地物动态变迁、作物长势动态、灾害监测、变形监测和环境监测具有重要作用。

地理国情监测需要利用现代对地观测技术和已经有的测绘地理信息数据库成果,全面准确地监测、预测、分析各种国情,为国民经济建设、政府防灾减灾宏观决策提供服务。地理国情监测数据的获取,需要综合采用当前各种对地观测资源和手段。地理国情监测数据获取的要求如下:

(1)高可靠性。国家开展地理国情监测工作的一个主要出发点就是,利用政府各部门提供的数据,为政府决策部门提供各种社会发展规划和经济政策服务。高可靠性的地理国情监测数据是地理国情监测工作的生命线。

(2)高时效性。地理国情监测需要第一时间反映国情、省情、市情,需要采用各种快速响应的对地观测手段,提高地理国情监测数据的时效性,有效检验国家政策措施实施效果的准确性和有效性。

(3)准确性。真实和准确的地理国情监测成果,能客观反映社会经济指标的分布状况及空间关系,揭示空间规律。因此,地理国情监测数据的获取需要集成多种信息,为全面准确掌握国情提供地理国情监测数据。

(4)覆盖范围广。需要考虑地理国情监测数据的获取效率,提供覆盖范围广、多种尺度的地理国情监测数据,为宏观经济政策制定提供参考。

(5)灵活性。要求地理国情监测数据的数据获取、数据处理和信息发布过程便捷灵活,为各部门推广应用奠定基础。

总之,地理国情监测作为测绘地理信息事业发展的战略任务,对监测数据的时效性、准确性、覆盖范围、获取处理发布的便捷程度等有较高的要求,需要统筹国内外航空航天遥感影像数据获取能力,获取满足要求的航空航天遥感影像,包括航空航天光学遥感数据、合成孔径雷达(synthetic aperture radar,SAR)数据、机载激光雷达(LiDAR)数据等,为开展重要地理国情信息普查、重要地理国情信息全国性监测和典型地理国情信息监测提供数据。

(二)地理国情监测数据获取技术

1. 航天遥感地理国情监测数据获取技术

现代遥感起步于20世纪60～70年代,美国、苏联发射了一系列探测地球资源的航天飞行器。20 世纪 80～90 年代是遥感技术发展的一个重要时期，以遥感技术为龙头，以地学应用需求为驱动，技术日臻成熟，应用领域不断拓宽，在气象、水利、海洋、环境、工程建设、城市规划、地图测绘、农业、林业等领域得到广泛应用。以美国 Landsat 卫星和法国 SPOT 卫星为代表的卫星遥感进入商业性运营，美国 NOAA 系列极轨气象卫星以其很高的时间重复频率（或称时间分辨率）、方便的信息获取方式以及低价信息源吸引了广大遥感用户。进入 21 世纪后，高分辨率的商业遥感卫星（如 IKONOS、QuickBird、GeoEye、WorldView）为地理国情监测提供了众多层次丰富的数据资源。此外，成像光谱仪与合成孔径雷达是 21 世纪发展和改进的遥感传感器。随着小卫星群计划的推行，可以用多颗小卫星，实现每 2～3 天对地表重复采样一次，获得高分辨率成像光谱仪数据，多波段、多极化方式的雷达卫星，将解决阴雨多雾情况下的全天候和全天时对地观测。

可用于地理国情监测的遥感数据的发展趋势表现在以下几个方面：

（1）遥感平台，从地面向航空航天多层面发展。

（2）空间分辨率，由单一分辨率向多分辨率发展，由低分辨率向高分辨率发展。

（3）光谱分辨率，由多光谱、高光谱向超光谱发展。

（4）时相，由单时相、多时相向任意时相发展。

（5）成像，由单一视角到多视角，从邻轨立体到同轨立体再到侧视雷达、合成孔径雷达干涉测量（InSAR）的发展。

当前，可用于地理国情监测的高分辨率卫星遥感数据资源主要有以下 8 种。

1）Landsat 陆地资源卫星数据

美国国家航空航天局（National Aeronautics and Space Administration，NASA）的陆地卫星（Landsat）计划，从 1972 年 7 月 23 日以来，已发射 9 颗卫星（第 6 颗卫星发射失败），目前在轨运行的为 Landsat-7、Landsat-8 和 Landsat-9，主要搭载专题制图仪（thematic mapper，TM）、增强型专题制图仪（enhanced thematic mapper，ETM＋）、陆地成像仪（operational land imager，OLI）等传感器。

美国 Landsat 系列卫星采用太阳同步轨道，平均轨道高度为 705 km，轨道倾角为 98°，每 16 天对地球观测一次。TM 采用机械扫描方式进行观测。在 Landsat-7 上 TM 改进为 ETM＋，并追加了瞬时视场（instantaneous field of view，IFOV）为 15 m 的全色波段。数据通过跟踪与数据中继卫星（tracking and data relay satellite，TDRS）传送到地面站。数据以景为单位，一景面积约为 183 km×170 km，共有 8 个波段，数据辐射分辨率为 8 bit。2013 年 2 月 11 日发射的 Landsat-8，携带有 OLI 和热红外传感器（thermal infrared sensor，TIRS），Landsat-8 的 OLI 包括 9 个波段，包含了 ETM＋传感器所有的波段。为了避免受到大气吸收特征的影响，OLI 对波段进行了重新调整，比较大的调整是波段 5（0.845～0.885 μm），排除了 0.825 μm 处水汽吸收特征的影响；OLI 全色波段 8 波段范围较窄，采用这种方式可以在全色影像上更好地区分植被和无植被特征。此外，还有两个新增的波段：蓝色波段（波段 1：0.433～0.453 μm）主要应用于海岸带观测，短波红外波段（波段 9：1.360～1.390 μm）具有水汽强吸收特征，可用于云检测。近红外波段 5 和短波红外波段 9 与中分辨率成像光谱仪（moderate-resolution imaging spectroradiometer，MODIS）对应的波段接近，TIRS 包括 2 个单独的热红外波段。Landsat 陆地资源卫星数据可用于陆地资源调查和环境监测等领域，是目前应用广泛的地球观测数据。

2021 年 9 月 27 日发射的 Landsat-9，携带的传感器是 Landsat-8 的改进型，携带两台科学传感器，即陆地成像仪 2（OLI2）和热红外传感器 2（TIRS2），提供了更好的辐射和几何数据。

2）SPOT 陆地资源卫星数据

SPOT 系列卫星是法国空间研究中心自 1978 年开始立项研制的对地观测卫星系统。自 1986 年成功发射 SPOT 1 卫星以来，该系列卫星获得了大量全球卫星观测影像数据，应用于测图、土地利用等诸多领域。目前共发射 SPOT 1～7 共 7 颗卫星，在轨运行的为 SPOT 6 和 SPOT 7，全色分辨率达到 1.5 m，多光谱分辨率为 6 m。

SPOT 卫星采用太阳同步轨道，SPOT 1～5 的轨道倾角为 98.7°，轨道高度为 830 km 左右，SPOT 6 和 SPOT 7 的轨道倾角为 98.2°，轨道高度为 695 km 左右。SPOT 卫星的运行重复周期为 26 天，而由于 SPOT 卫星采用倾斜观测策略，因此对同一地区的重访周期可以达到 4～5 天。与美国 NASA 发射的 Landsat 系列卫星对比，SPOT 系列卫星的空间分辨率更高，且采用线阵推扫式传感器，可以通过拍摄直接获取立体像对，所以在立体测图、制图等领域较 Landsat 卫星更有优势。

SPOT 卫星遥感影像是地理国情监测最佳数据源之一，在分辨率、精度以及时相上能够满足大范围、大规模修测更新地图和建立地理数据库，以及动态监测土地利用变化状况的需求。

3）IKONOS 卫星数据

1999 年 9 月 24 日，世界上第一颗可提供高分辨率卫星影像的商业卫星 IKONOS 发射成功。IKONOS 卫星不仅能够提供分辨率达到 1 m 的卫星影像，而且开拓了一个更快捷、更经济获得最新地球影像信息的途径。IKONOS 卫星处于太阳同步轨道上，可在每日同一时间经过指定经度范围，卫星回访周期为 140 天。由于卫星传感器有一定偏转角度，定制地区遥感影像最快可在当天就采集完成。2015 年 3 月 31 日退役，已无新数据接收，IKONOS 数字影像库可实时查询历史存档影像。

IKONOS 卫星提供的数据产品包括两种类型，分别为 CARTERRA GEO 产品和 CARTERRA 正射纠正产品，适用于国家、省和地区级政府的农业及基础设施规划、资源管理、环境调查，以及 1∶1 万地形图制作和灾害应急等应用领域。

4）QuickBird 卫星数据

QuickBird 是 2001 年 10 月 18 日在美国发射成功的高分辨率商业遥感卫星，空间分辨率为 0.61 m，采用 1 个全色通道、4 个多光谱通道成像方式，成像幅宽为 16.5 km×16.5 km，能够满足更专业、更广泛应用领域的遥感用户的需求，可为用户提供更好、更快的遥感信息源服务。

QuickBird 卫星影像能够用来确定和定位各种特征信息，如街道中央线、建筑预定点、停车场等，主要用于大面积城市现状及发展变化监测，为政府决策、城市规划、房地产开发、测绘、土地开发等提供卫星遥感数据。QuickBird 还可应用于农作物估产、灾害防治、农业规划等多个领域。

5）GeoEye-1 卫星数据

2008 年 9 月 6 日成功发射的 GeoEye-1 是技术先进、分辨率较高的商业对地成像卫星。GeoEye-1 卫星全色影像分辨率为 0.41 m，多光谱影像分辨率为 1.65 m，重访周期为 3 天，每天能够采集近 70 万 km^2 的全色影像数据或近 35 万 km^2 的全色融合影像数据，可广泛应用于地理国情监测大面积大比例成图、细微地物的解译与判读、土地利用覆被变化等应用领域。

6)WorldView 卫星数据

WorldView-1 于 2007 年 9 月 18 日发射，运行在高度 450 km、倾角 98°、周期 93.4 min 的太阳同步轨道上，平均重访周期为 1.7 天，星载大容量全色成像系统每天能够拍摄高达 50 万 km^2 的 0.5 m 分辨率图像。卫星具备现代化高精度地理定位能力和快速响应能力，能够快速瞄准要拍摄的目标和有效地进行同轨立体成像。

WorldView-2 于 2009 年 10 月 8 日发射，运行在高度为 770 km 的太阳同步轨道上，能够提供 0.5 m 分辨率全色影像和 1.8 m 分辨率多光谱影像，星载多光谱遥感器不仅具有 4 个业内标准波段(红、绿、蓝、近红外)，还包括 4 个额外波段(海岸、黄、红色边缘和近红外 2)，多样性的波段为地理国情监测提供精确变化检测和高精度制图能力。

WorldView-3 于 2014 年 8 月 13 日发射，运行在高度为 617 km 的太阳同步轨道上，能够提供 0.31 m 全色分辨率、1.24 m 多光谱分辨率和 3.7 m 短波红外分辨率的图像。可以分辨更小、更细的地物，可以同航空影像相媲美，拥有覆盖可见光、近红外、短波红外的波谱特征。WorldView-3 拥有极强的定量分析能力，在植被监测、矿产探测、海岸和海洋监测等方面拥有广阔的应用前景。

WorldView-4 于 2016 年 11 月 12 日成功发射。WorldView-4 和 WorldView-3 的传感器分辨率一样，均为 0.31 m 的全色波段分辨率和 1.24 m 的多光谱分辨率。此外，WorldView-4 可以比 WorldView-3 更快地从一个目标移动到另一个目标，并且能够存储更多数据。WorldView-4 可以为植被、沿海环境、农业、地质及其他应用的遥感分析提供更多的机会。

7)Pleiades 卫星数据

Pleiades 为法国国家空间研究中心的军民两用地球观测卫星，以满足欧洲军事及民用范围的应用需求，包括测绘、水文学、地球物理学及火山学等。Pleiades 1A 卫星已于 2011 年 12 月 17 日成功发射进入太空，分辨率为 0.5 m，幅宽为 20 km×20 km；Pleiades 1B 卫星已于 2012 年 12 月 1 日发射。它们在高度为 694 km 的地球轨道运行，拍摄高分辨率图像。

Pleiades 1A 之后有 SPOT 6、Pleiades 1B 和 SPOT 7 于 2012—2014 年相继发射，它们具有相同的架构设计，在同一个轨道上运行，都能提供响应速度更快、获取能力更强的 0.5～1.5 m 分辨率的影像产品，在地理国情监测中有广阔的应用前景。

8)小卫星数据

早在 20 世纪 80 年代初，美国就提出现代小卫星概念。美国、俄罗斯、日本、欧洲空间局、法国、英国、意大利都有自己的小卫星平台或星座，印度、韩国、瑞典、以色列等国家也都以研制小卫星为切入点，带动航天技术的发展。中国研制和发射了众多种类的小卫星，如实践四号卫星、实践五号卫星、中国多光谱海洋水色小卫星、“航天清华一号”微小卫星等。

小卫星是指设计质量小于 1 000 kg 的小型近地轨道卫星，具有空间分辨率高、成像范围大、覆盖率高、价格低廉等多种优势。现代小卫星系统大多采用低轨道和多颗卫星组成星座方式进行工作。小卫星星座通过正确设计和合理选择星座的卫星数、轨道平面数、轨道平面倾角、轨道平面相对距离、每个轨道平面卫星数、同一轨道平面卫星相对相位、相邻轨道平面卫星相对相位、每颗卫星的轨道高度及相应的轨道运行周期，大大缩短整个卫星系统对同一目标区域的重访周期，从时间分辨率上提高卫星影像性能，在很大程度上提高地理国情监测数据获取的时效性、准确性。

小卫星遥感因其成本低、运转周期短、小卫星群的资料相互备份、覆盖无死角、分辨率高等优点，越来越受到人们的青睐。在对各类灾害（如洪水、林区火灾、地震、蝗灾、环境污染等）进行观测时，小卫星重复观测时间只有几小时。此外，由于其应用的针对性，小卫星可以提供周期短、分辨率高的遥感影像，为地理国情动态监测提供一条更便捷的途径。

9）资源三号卫星

资源三号卫星于2012年1月9日成功发射，是我国第一颗高分辨率立体测图卫星。资源三号卫星运行在高度约500 km、倾角约97.5°的太阳同步轨道上。

资源三号卫星是我国自主设计和发射的第一颗民用高分辨率立体测图卫星。与现有的资源类遥感卫星相比，资源三号卫星影像分辨率高，图像几何精度和目标定位精度较高，卫星集测绘和资源调查功能于一体，主要用于1∶5万立体测图及更大比例尺基础地理产品的生产和更新，以及开展国土资源调查与监测。资源三号卫星采用10 bit量化三线阵电荷耦合器件(charge-coupled device，CCD)相机，数字正射影像分辨率为2.5 m，多光谱影像分辨率为5.8 m，全色影像和多光谱影像采用相同的幅宽。采用星载双频导航型接收机并配备多个陀螺实现定轨定姿，卫星系统标定可以实现少控制或无控制1∶5万测图。

资源三号卫星的主要任务是长期、连续、稳定、快速地获取高分辨率立体影像和多光谱影像，为地理国情监测中的国土资源调查与监测、防灾减灾、农林水利、生态环境、城市规划与建设、交通等领域的应用提供服务。主要体现在以下方面：

（1）地形测绘。可测制1∶5万地形图，用于基础地形图的测制和更新，以及困难地区测图和城市测图，同时，可以提供高分辨率正射投影和1∶5万数字高程模型，为地理国情监测提供基础地形数据。

（2）农林水土资源勘测。资源三号卫星可以为各种规模的农作物监测、农业工程规划等提供高分辨率卫星影像，满足农业资源调查、结构调整等方面的需求。在林业领域，可利用高分辨率影像对森林病虫害、森林火灾等进行调查和监测，及时提供危害范围和等级等信息。资源三号卫星提供的立体影像还可获得植被、阴影、沙壤、轻壤等遥感分量图，且融合影像色彩丰富、纹理清晰。此外，利用高空间分辨率卫星影像，可提取江河流域的土地利用类型和植被信息，为一定水深的悬浮物和泥沙分布研究、河口近海水域盐度与温度测量、水体叶绿素浓度估算等提供重要的辅助决策信息。

（3）环境监测。在环境监测领域，资源三号卫星可为流域水污染、大江大河水环境质量、重大污染物泄漏、矿产资源开发造成的生态破坏、城市生态等多方面的连续监测提供5～10 m空间分辨率的卫星影像，实现大范围、全天候、全天时的生态环境监测。

（4）交通勘查与监测。资源三号卫星的高分辨率影像可用于公路铁路的初步设计、交通绿化设计等领域。在输电线路工程中，应用卫星影像资料在缩短路径的长度、避开不良地质带（如滑坡、崩塌、泥石流、强地震区等地段）、减少房屋拆迁及选择较佳交叉跨越点等方面效果显著。

航天遥感可以大范围地获取不同尺度、不同分辨率、不同时相的遥感影像资料，是地理国情监测和地理国情变化监测的重要数据资源获取手段，主要用于大范围的地理国情监测要素提取、变化检测和可视化表达。根据不同的地理国情监测应用，可以综合考虑影像质量、影像空间分辨率、影像光谱分辨率及数据成本进行选择。

2. 航空遥感地理国情监测数据获取技术

1)数字航空摄影测量技术

(1)从胶片数字化航空摄影测量到数字相机数字摄影测量。

从产生到21世纪初,航空摄影测量都是用胶片相机获取模拟相片,即使进入数字摄影测量时代,在数据采集技术上也没有发生太大的改变。胶片相机仍然是航空摄影测量相机的主角,如RC30。RC30具有辅助导航、姿态控制、相机前移补偿等功能,它是目前功能最完整和强大的传统相机之一。尽管如此,受光学相机对感光强度要求的影响,利用传统胶片相机进行彩色航空摄影对天气要求非常高,传统胶片相机要求水平能见度在10 km以上,这一要求使得在空气污染严重的情况下,若一年中满足航空摄影要求的天气较少,则极大地增加了航空摄影的难度,减少了航空摄影可作业的时间。

此外,目前航空摄影测量流程中无论是目视判读、自动匹配和检测,还是4D产品[1]制作都是在数字影像上完成的,胶片影像必须通过冲洗、扫描才能生成数字影像。胶片相机与模拟影像的存在增加了摄影测量流程中模拟相片数字化的过程,显而易见这一过程增加了摄影过程测量的时间和工作量,同时也带来了影响摄影测量精度的相片畸变、扫描误差等问题,影响了数字测图产品的精度和质量。同时,冲洗、扫描工序大大延长了整个摄影测量流程,降低了数据获取速度,提高了数据获取成本。数字摄影测量的发展和应用急需数字相机采集真正的数字航空影像。

在2000年第19届国际摄影测量与遥感大会上,数字相机开始出现。2004年第20届国际摄影测量与遥感大会上,数字相机成为一个焦点,基于电荷耦合器件的数字相机正式广泛应用于航空摄影测量。数字相机体积小、质量轻,像素的几何位置精度高,无须框标标定内方位元素坐标系,无须标准格网修正底片变形,特别是生成的影像信号可立即存放于影像存储卡,或直接与计算机相连实现在线作业,可实现真正的数字摄影测量,甚至实时摄影测量。此外,由于电荷耦合器件具有较高的感光性能,一般数字相机要求水平能见度在3 km左右。采用数字相机可获得比传统相机航摄更多的可飞天数,一般天气晴朗、无大雾即可进行航飞,数字相机可增加作业天数,加快航摄进度,提高飞行效率,降低数据更新成本,在地理国情监测工作中具有广阔的应用前景。

(2)数字航空相机。

数字航空相机按成像方式可以分为两类:一类是线阵航空摄影测量相机,另一类是面阵数字航空相机。

——线阵航空摄影测量相机。

线阵航空摄影测量相机有ADS40和ADS80两种产品。

ADS40由全色、红、绿、蓝和红外五种传感器组成,其彩色航片通过红、绿、蓝三个波段合成影像与全色影像得到。ADS40具有前扫、下扫、后扫三个扫描传感器,其线阵宽度为12 000像素。ADS80使用新型镜头SH81、SH82,可同角度同时获取5个波段(红、绿、蓝、红外、全色波段)影像,能够高效率获取真正的统一分辨率、高品质、高分辨率的彩色、近红外及全色数字影像数据。ADS80相机同时集成卫星定位系统、高精度的惯性导航系统来获取数字影像,大大减少了外业像控测量工作。

---

[1] 通过一系列地理信息系统分析处理得到的数字矢量地图(digital line graph,DLG)、数字正射影像图(digital orthophoto map,DOM)、数字高程模型(DEM)和数字地形模型(DTM)等信息产品。

——面阵数字航空相机。

面阵数字航空相机主要有 DMC、UCD 和 SWDC 等产品。

DMC 是 Z/I 公司推出的面阵数字航空相机，由 4 台黑白影像的全色相机和 4 台多光谱相机组成，摄影时相机同时曝光，保证了类似胶片一样严格的几何精度，即使在卫星信号完全失去、运行器不稳定和光照条件较差的情况下，仍然具有获得高质量图像的可能性。4 台全色相机倾斜安装，互成一定的角度，影像间有 1%的重叠度，提供给用户的是经过辐射与几何校正、拼接的有效影像。DMC 的像素尺寸为 12 μm，焦距为 120 mm，视场角为 69.3°/42°，影像尺寸为 7 680 像素×13 824 像素，最大连拍速度为 2 s/幅，波段为黑白全色＋多光谱。DMC 具有电子 FMC（自动像素补偿）和每像素 12 bit 分辨率，获得的影像具有比扫描摄影胶片影像更好的品质。

DMC 在汶川大地震中的应用充分表现了其在地形复杂、天气条件恶劣、时间紧迫、空域紧张的情况下获取灾区遥感影像数据的能力。地震发生后，利用 DMC 获取重点区域的 0.3 m 高分辨率航空遥感影像，获取了农田、道路、工厂、房屋以及其他基础设施的基本情况，特别是一些可能引起次生灾害的水库、河流、堤坝等的三维信息，制作了一系列灾区航空正射影像镶嵌图、灾区道路和房屋破坏详查图（水利、电力、大型工矿企业等）、灾区农业种植损失详查图、灾区地形数据产品、灾区次生灾害风险地图、灾情详细评估报告等数字产品，为各项灾后重建工作提供了详细、准确、实时的灾害详情数据。

UCD 是 Vexcel 公司 2003 年推出的面阵数字航空相机，由 4 台黑白影像的全色相机和 4 台多光谱相机组成，但摄影时按先后顺序曝光。UCD 的焦距为 100 mm，像素尺寸为 9 μm，影像尺寸为 11 500 像素×7 500 像素，波段为黑白全色＋多光谱，视场角为 55°/37°。

SWDC 是具有自主知识产权的面阵数字航空相机，由 4 个高档民用相机（单机像素数为 3 900 万，像素大小为 6.8 μm）经外视场拼接而成，集成了卫星定位和自动控制同步曝光技术，SWDC 焦距为 50 mm/80 mm，像素尺寸为 6.8 μm，影像尺寸为 15 000/10 000/14 000 像素×11 000 像素，像素角（弧度）为 1/7 353～1/11 764，辐射分辨率为 8/12 bit 真彩色，旁向视场角为 91°/59°，航向视场角为 74°/49°，最短曝光间隔为 4 s。

2）数码航空摄影测量技术

（1）机载激光雷达技术。

机载激光雷达集成三维激光扫描、高动态载体位置姿态测量和高精度同步控制等技术，由测量系统载体、差分卫星定位系统、惯性导航系统、三维激光扫描设备、数字相机成像设备、同步作业控制装置和计算机存储设备构成。目前国内外常用的作业平台主要是固定翼飞机和直升机，此外还有飞艇、热气球等航空器。

机载激光雷达技术是由空间可以确定坐标的一点（扫描器中心）发射出的激光脉冲经地表物体返回到接收器，并由时间间隔测量装置自动记录时间，计算出地表物体到扫描器中心的向量距离，从而由扫描器中心坐标、向量距离以及方位计算出地面点三维坐标。机载卫星定位设备通过与地面卫星定位接收机同步接收卫星信号，利用差分卫星定位技术解算得到激光扫描中心某一瞬间的空间位置。同时，惯性导航系统实时测量飞机的三维姿态角及速度和加速度，并结合卫星定位设备所获取的空间位置，拟合推导出激光扫描中心各个瞬间的空间位置及其姿态角。激光扫描测距系统则通过发射和接收激光脉冲，并通过时间间隔测量装置计算回波往返时间，通过其往返时间计算激光扫描中心到地表物体的距离。进一步利用卫星定位设备所获取的空间位置以及惯性导航系统确定的三维姿态角和空间距离，计算出地表物体的空间位置。此外，仪器的安置偏差参数，如激光测距光学参考中心相对于卫星天线相位中心的偏差、激光扫描器机架的三个安装角度、惯性测量单元同载体坐标轴系间的不平行偏差等，可通过检校来确定。

(2)机载激光雷达技术的特点。

机载激光雷达与传统航空摄影测量有显而易见的差异。

传统航空摄影测量处理的数据是灰度影像，主要产品有数字高程模型、数字表面模型和数字正射影像图，可以用于二维或三维重构、地物分类以及可视化。而机载激光雷达可直接获取地表物体三维点云坐标以及强度信息，影像包括真彩色和近红外影像，获取的数据多元化，制作二维和三维产品更加方便快捷。

传统航空摄影测量处理理论及方法非常成熟，处理过程比较复杂。作为一种多传感器集成系统，机载激光雷达集成度高，数据后期处理自动化程度高，处理速度快。

机载激光雷达采取激光脉冲测量，获取的原始数据精度较高，密度较大。但由于其测量离散点，因此并不能保证采集到关键点地形。在地形起伏地区得到的数字高程模型往往因平滑处理而丢掉那些重要的地形特征信息，但在较平坦地区，其精度可达到 10 cm。

机载激光雷达与传统航空摄影测量相比，存在更多影响误差的因素，误差传播模型更加复杂。机载激光雷达系统的高程精度受到平面精度的影响，系统姿态误差对高程精度的影响会随着扫描角的增大而增大，尤其在飞行高度较高时，以及在坡度较大的地区，平面精度也会影响高程精度。由于激光扫描角度的限制，在大面积作业时，传统航空摄影测量比机载激光雷达更具优势，假设飞行高度和飞行速度相同，航带间的重叠度也一样，传统航空摄影测量(视场角为 75°时)拍摄的区域面积是机载激光雷达扫描面积的 2.9 倍。

在生产时间上，传统航空摄影测量比机载激光雷达生产周期长。就成本而言，对于同一项任务，用机载激光雷达实现的成本仅为用传统航空摄影测量实现的成本的 25%～33%。

机载激光雷达具有自身的独特优越性，主要表现以下几个方面：①机载激光雷达采用直接主动式测量方式。②机载激光雷达将激光脉冲作为测量媒介。激光具有单色性好、方向性强、能量高、线宽窄等特点，能实现高精度的计量和检测，能快速获取高精度的真实数字地面模型。③机载激光雷达不需要地面控制点，能够实现无控制点测量。④机载激光雷达获得的原始数据为三维激光点云数据和原始影像数据。三维激光点云数据不仅包括三维坐标信息，还有激光强度信息，利用其强度信息制作的强度影像可用来辅助边界检测和目标识别。此外，其影像数据包括真彩色影像和近红外影像，不仅可以在白天拍摄，还可以进行夜间拍摄。⑤机载激光雷达凭借激光的优势可探测深层植被的断面信息，进行森林植被剖面信息的提取，这些是常规摄影测量无法比拟的。由于其可以直接获取三维坐标，因此在制作三维产品方面更具有优势。

可见，机载激光雷达是一种方便、快速、经济的空间数据获取方法，具有很大的发展潜力。随着计算机技术和软件及硬件设施的发展，其在数据处理和系统集成方面将有更进一步的提升潜力。随着该技术的日益成熟，其应用领域也将越来越广。

(3)机载激光雷达与地理国情监测。

以固定翼飞机、直升机或无人机为搭载平台的激光雷达系统与传统航空摄影测量系统相比，在采集数字影像的同时，能够直接获取地面及地面物体的三维点云数据，可在少量或无地面控制点的情况下保证较高的数据精度，提供丰富的数据成果，节省大量外业及内业作业时间，提高作业效率，在地理国情监测中具有广阔的应用前景。

我国是海洋大国，沿海滩涂面积广阔，对海洋区域进行科学、有效、有序、可持续的开发具有极大的社会和经济双重效益。滩涂处于海陆交界位置，具有地势平坦、高低潮位前后滩涂面积变化大、区域内难以布置有效控制点等特点，加上采用传统技术采集的数据纹理单一，内业生产困难，因此采用传统的航空摄影测量手段很难获得精确的地理信息数据，无法满足1∶10万比例尺的成果需求。2010年5月，浙江省测绘与地理信息局以舟山市为试点开展130 km^2 滩涂测绘工作。在无控制点情况下，采用机载激光雷达采集的高精度三维点云数据及高分辨率影像，生成1∶1万比例尺数字高程模型、数字正射影像图和数字表面模型，解决了传统航空摄影测量在测图区域布设控制点的难题。数字高程模型精确反映海岸线、滩涂及周边地形。数字表面模型精确反映地形信息的同时，清晰反映地物分布，可进行洪水淹没分析。数字正射影像图清晰反映地物分布，为海堤模型提供纹理信息，真实反映滩涂、海岸线及海堤现状。

3)低空无人遥感技术

(1)低空无人遥感平台及其技术特点。

现有的卫星遥感和航空遥感技术虽然能够快速获得大面积的地理信息，但受卫星高度等因素的影响，遥感影像分辨率难以保证，而且载人飞机受空域管制和气候等因素的影响较大，缺乏机动快速的优势，使用成本高。无人机的机动性、灵活性使它不需要专用起降场地，升降准备空间短，操作控制比较容易，运行成本低，各种空旷场地都可以作为起降场地，适合在建筑物密集的城市地区、地形复杂地区和多山丘、多云的地区使用。无人机的安全性使它能够在危险和恶劣环境下直接获取影像，即便设备出现故障、发生坠机，也无人身伤害。此外，低空无人遥感平台为云下摄影，摄影方向比较随意，遮挡少，场地限制小，效率高，可以在云下低空获取高清影像；无人机可以低空、低速安全飞行，具有高机动性、低成本、小型化、专用化、快速实时对地观测等特点，弥补了传统航空摄影测量需要申请空域或受气候影响大而导致的作业周期长、小区域费用高等缺陷，低空无人遥感平台测绘成为地理国情监测的一个重要手段。

低空无人遥感平台采用数字摄影代替传统光学摄影在空中拍摄影像、获取数据，通过外业控制网的建立、调绘，结合内业数据处理，进行畸变校正、系统误差纠正、影像自动匹配、空中三角测量，然后进行数字正射影像图、数字高程模型生产，结合野外调绘及监测数据，制作大比例尺地形图。

(2)低空无人遥感在地理国情监测中的应用。

我国已逐步建立了卫星遥感和航空遥感监测体系，具备了大范围、区域性卫星遥感应急监测能力和多传感器、多平台航空遥感应急监测能力。但针对小范围的应急监测，受卫星固定轨道、起降空域以及气象条件等限制，有时难以快速获取现势性强的高分辨率遥感影像，相比卫星遥感和航空遥感等监测手段，小型无人机具有机动性能高、环境适应性强、气象条件要求低等突出特点，且获取的影像分辨率高，更适合地理国情监测应用。近年来，小型无人机已成为我国应急监测手段的重要补充。但采用小型无人机开展地理国情应急监测也存在一些问题，主要表现在寻找场地难及现场航空摄影测量规划设计和数据处理所花时间长，这直接影响了应急监测的时效。

随着经济建设步伐的加快，我国无人机技术已进入快速发展阶段。与美国、日本等国家类似，现代化的基础设施、密集的城市人口为经济发展提供了重要支撑，但城市交通、市政、公共安全等领域具有一定的脆弱性，对自然突发事件应急管理系统提出了更高要求。应急管理系统包括信息采集、信息传输、信息处理、信息利用等主要环节，突发事件的信息采集在时间、空间、规模等方面存在诸多不确定性，且实现复杂，现有信息采集手段在有效性方面尚存在不足。无人机是一种有动力、可控制、能重复使用的无人驾驶航空器，具有低成本、高效能、机动灵活、维护简便、使用安全等优势，在搜救、勘查、巡检等领域具有显著应用优势。将无人机纳入地理信息应急管理应用，可以有效提升突发事件现场信息采集速度。

小型无人机作为一种灵活的空中高速运动平台，通过携带不同的电子设备或武器系统，能够完成军民用领域中许多艰巨任务，这已体现了其巨大的应用价值。数据及图像采集系统作为小型无人机非常重要的电子系统，能够完成各类数据采集、目标图像采集等多种功能任务。随着小型无人机愈加广泛的应用，数据及图像采集系统已呈现出日益复杂的多功能性，受到业界的高度重视。

航空摄影测量是基础地理信息采集最有效的手段之一。随着计算机技术的发展和微处理器的广泛应用，政府各部门对测绘资料的需求越来越大，对资料现势性的要求越来越高，而且资料所能包含的信息容量越来越大。无人机航空摄影测量作为一种新型的测量方式不断呈现在大家的面前，发展低空无人机航测遥感系统是提高测绘资料现势性的迫切需要，是做好应急救援工作的迫切需要，是构建数字中国、数字城市建设的迫切需要。低空无人机航测遥感系统推动了地理信息获取向全天候、全天时、实时化迈进的步伐，低空无人机航测遥感系统具有机动灵活、成本低、载荷多样性、用途广泛、操作简单等优点，在现代测绘行业中发挥着越来越重要的作用。低空无人机航测遥感具有高清晰、大比例尺、小面积、高现势性的优点，是卫星遥感与普通航空遥感不可缺少的补充，尤其是在预防与应对自然灾害方面有着明显优势。

四川芦山地震、内蒙古陈巴尔虎旗地质灾害治理等地理国情应急监测项目的实践，以及内蒙古、天津、新疆等地的地理国情应急监测演练，验证了便携式无人机地理国情应急监测系统所能达到的性能指标。无人机地理国情应急监测系统在地质灾害监测、应急救援和灾情评估工作中发挥了巨大作用。甘肃岷县地震救援实践表明，在灾害应急和复杂地形条件下，使用低空无人机航测遥感系统进行实地数据采集和信息提取，能够为决策者提供第一手资料，从而最大程度地减少损失。

三、学习考核

(一)思考题

1. 地理国情监测数据源主要有哪些？各自有哪些特点？
2. 地理国情监测数据获取技术有哪些？各自适用于哪些场合？

(二)练习题

除书中所介绍的数据源和数据获取方法外，还有哪些数据源和数据获取方法？

(三)测试题

通过 http://www.hbeos.org.cn/下载珞珈一号夜光遥感数据，并尝试从中获取与地理国情相关的信息。

任务三　地理国情监测遥感数据处理

[单元概述]

地理国情监测的遥感数据来源多样，本任务分别从多源遥感影像的数字正射影像图制作、地理国情监测地物分类与特征识别，以及遥感影像分类与地表覆盖信息的提取三个方面进行详细的阐述。

一、任务要求

1. 了解地理国情监测影像选择的原则。
2. 能说明地理国情监测主要要素的分类识别和提取方法。
3. 能解释地理国情监测变化检测的内容和方法。
4. 学会人工解译和计算机自动解译的方法。

二、学习内容

(一)基于多源遥感影像的数字正射影像图制作

1. 多源遥感影像介绍

第一次全国地理国情普查完成后，需每年按照国家要求开展地理国情监测。每年利用高分辨率航空航天遥感影像，整合最新专题资料，监测全国变化情况，形成现势性强、精度高、全覆盖的全国地理国情信息数据库，发布年度地理国情监测报告，为国家和地方提供地理国情信息决策支撑。第一次全国地理国情普查利用的主要影像数据包括：地面分辨率优于 1 m 的高分辨率卫星或航摄遥感影像数据，以及资源三号、天绘系列和高分一号等卫星影像数据。平面坐标系采用的大地基准为 2000 国家大地坐标系，投影方式采用高斯-克吕格投影，而分带方式采用 6°分带。高程基准采用 1985 国家高程基准。所涉及的高分辨率影像数据源如表 3.1 所示。

表 3.1　第一次全国地理国情普查主要数据源

技术指标	WorldView-1	WorldView-2	资源三号	QuickBird	航片
全色分辨率/m	0.5	0.5	2.1	0.61	—
多光谱分辨率/m	—	2	5.8	2.44	—
数字正射影像分辨率/m	0.5	2	2	0.5	0.5
像素位/bit	8	24	24	24	24
多光谱波段	—	蓝、绿、红、近红外	蓝、绿、红、近红外	蓝、绿、红、近红外	蓝、绿、红

1)WorldView-1/2 数据

WorldView-1 数据为分辨率 0.5 m、地理位置精度较高的全色数据影像。

WorldView-2 数据为分辨率 0.5 m 的全色影像和分辨率 2 m 的多光谱影像。

WorldView-2 卫星提供 4 个波段，分别为红、绿、蓝和近红外波段。

WorldView-1/2 原始数据如图 3.1 所示。

（a）全色数据

（b）多光谱数据

图 3.1　WorldView-1/2 原始数据

2)资源三号卫星数据

资源三号卫星是中国第一颗民用高分辨率立体测绘卫星，全色影像分辨率为 2.1 m，多光谱影像分辨率为 5.8 m，包含蓝波段（450～520 nm）、绿波段（520～590 nm）、红波段（630～690 nm）和近红外波段（770～890 nm）。资源三号卫星原始数据如图 3.2 所示。

（a）全色数据

（b）多光谱数据

图 3.2　资源三号卫星原始数据

3)QuickBird 卫星数据

QuickBird 全色影像分辨率为 0.61 m，多光谱影像分辨率为 2.44 m，包含蓝波段（450～520 nm）、绿波段（520～600 nm）、红波段（630～690 nm）和近红外波段（760～900 nm）四个波段，如图 3.3 所示。

2. 遥感影像选择

高分辨率遥感影像是地理国情普查的基础数据，一般采用分辨率优于 2.5 m 的卫星影像和分辨率优于 1 m 的卫星影像两种类型。影像的选择影响后期制图精度，具体选取原则如下：

(1)在生产区域内，同时存在多源遥感影像数据，选择现势性强、在生长季节拍摄且空间分辨率高的影像。

(2)同年不同季的影像，优先使用时相比较新、可以清晰表达区域地表特点的影像。

(3)要使用时相较差的影像才能保证数据的全覆盖时，可以参考同一地区其他时相较好的影像。

（a）全色数据　　（b）多光谱数据

图 3.3　QuickBird 卫星原始数据

(4)可用质量好的旧影像补充时相新但质量较差的影像，但对于发生变化的地方，应使用时相较新的影像。

(5)全色影像优先使用分辨率优于 1 m 的影像，在无 WorldView-2 多光谱影像地区，利用资源三号卫星多光谱影像辅助判读。针对西部像控点布设困难地区的以下情况，资源三号卫星影像可替代高分辨率卫星影像：①正射纠正的精度不能满足技术要求，与平原和丘陵的侧视角度大于 25°，高原和山地大于 20°；②高分辨率卫星影像的时相在冬季，影响地物解译；③该区域云量遮盖了影像 20％的区域，严重影响了地理国情普查对象的解译。

3. 数字正射影像图制作原理和技术

数字正射影像图制作原理是：将经过扫描处理的航空航天影像按像素改正投影差、调整色彩、融合、镶嵌、接边，并按一定范围裁剪成影像数据，生成数字正射影像图数据集。

基于多源高分辨率遥感数据的数字正射影像图制作流程包括：原始数据预处理、影像配准、影像融合、正射纠正、影像镶嵌和裁切等。遥感处理软件必须支持卫星影像轨道参数模型。卫星影像单片正射纠正作业流程如图 3.4 所示。

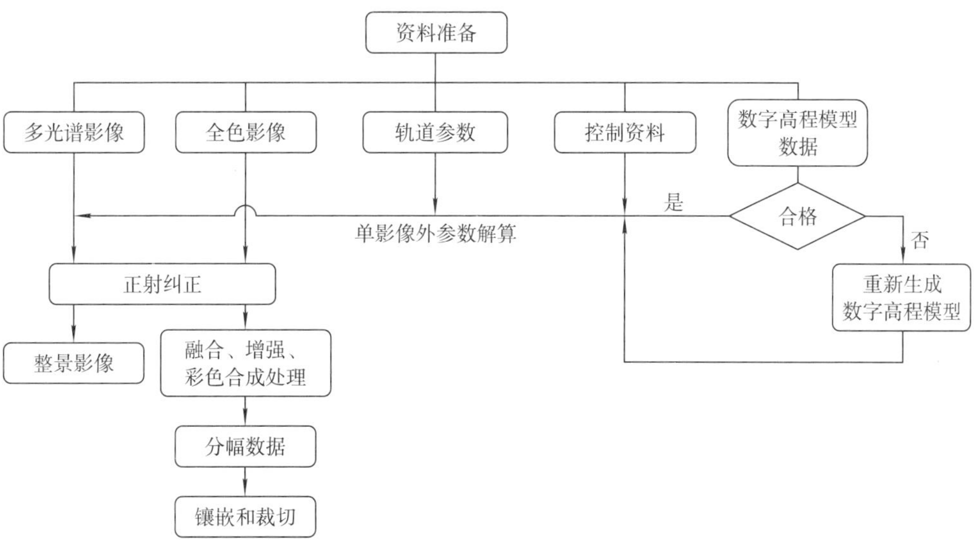

图 3.4　卫星影像单片正射纠正作业流程

4. 原始影像数据预处理

地理国情监测的基础影像数据是数据量大、纹理清晰的高分辨率影像，在使用之前需对原始影像数据进行预处理。

(1)对影像进行拼接处理时，由于影像数据源不是整景存储，而是分块存储的，注意忽略背景面的影像零值。

(2)要对原始数据进行彩色合成处理，这是由于高分辨率数据光谱信息丰富，不同波段的波谱信息不相同，需要选择最佳波段组合。

(3)当单景影像同时分布在两个投影带时，整景影像纠正的投影带为影像分布较多的投影带。

5. 多源遥感影像数据正射纠正

1)纠正控制点的选取

在生产数字正射影像图时，可通过下述方法依次获取影像控制资料：

(1)依据现有的控制点资料数据。

(2)依据现有的航空摄影影像空中三角测量加密的结果。

(3)依据分辨率为 0.2 m 的数字正射影像图。

(4)依据满足精度要求且可准确读取控制点的其他成果。

(5)依据 1∶1 万地形图和数字正射影像图。

(6)依据野外实地量测的像控点。

根据上面方法获取的控制点资料都要转换成 2000 国家大地坐标系、6°带、正常高的结果，且达到精度指标。依据目前已有的控制点资料，在影像上选取适量的同名点对影像进行纠正。

2)纠正模型选择

纠正模型一般选取有理多项式系数(rational polynomial coefficient，RPC)模型。各影像源采用的纠正模型如表 3.2 所示。

表 3.2 多源遥感影像数据纠正模型及控制点要求

卫星影像类型	采用的纠正模型	控制点个数	
		侧视角≤25°	侧视角＞25°
WorldView	RPC 模型	≥2	≥4
QuickBird	RPC 模型	≥2	≥4
资源三号	RPC 模型	≥3	≥6

3)纠正方法

通常选用双线性内插和三次卷积的纠正方法。针对横跨两个投影带的单景卫星影像，采用的整景纠正的投影带为影像分布多的投影带。叠加 1∶1 万的数字矢量地图(digital line graph，DLG)和相关矢量数据对纠正后的影像进行检查，确保达到精度指标。

4)区域网加密精度要求

用高分辨率卫星遥感影像提供的高精度的有理多项式系数，辅助地面的控制点，解算精度参数。解算的精度参数如表 3.3 所示。

表 3.3　解算精度误差

控制资料地形类别	点别	平面限差/m	高程限差/m
平地	基本定向点	3	0.8
	多余控制点	3.5	1
	网间公共点	7	2
山地	基本定向点	4	1.5
	多余控制点	5	2
	网间公共点	10.5	4
丘陵地	基本定向点	3	0.8
	多余控制点	3.5	1
	网间公共点	7	2

5)纠正影像精度检查方法

纠正影像精度检查方法有“拉窗帘”法和随机点法，要注意每景影像的控制点数不低于25个。

6)注意事项

(1)纠正时数字高程模型的精度要灵活运用。

(2)避免使用高于地面的控制点进行纠正。

(3)假设使用高于地面的控制点，要考虑投影差。

(4)不得改变影像原始分辨率。

(5)像素位数不能改变(16位)。

(6)均匀分布控制点。

(7)全色影像纠正后，应叠加控制点进行精度检查(平地误差不高于3个像素，山区误差可至5个像素)。

(8)配准时均匀分布匹配点，不能低于15个点，匹配的精度不能高于1个像素。

6. 多光谱影像配准

制作数字正射影像图时，以纠正后的全色影像为基础，将全色影像与多光谱影像进行配准，同名地物点的选取要与多光谱数据匹配，配准时注意以下两点：

(1)选取的RPC模型和数字高程模型要与对应的全色影像一致，控制点要均匀分布，每景影像至少15个控制点。

(2)要保证残差中误差小于1个像素。纠正后要套合检查，多光谱影像上、影像间的配准精度不能超过1个像素，在山谷、山脊等地方不应该有重影。对不符合配准精度要求的影像，要重新纠正，纠正时需增加控制点。

7. 多光谱影像与全色影像数据融合

遥感影像融合过程为影像预处理和影像融合。

1)影像预处理

影像预处理要达到两个目的：一是突显地物的光谱信息，调整影像的色彩、亮度和饱和度，产生颜色对比度；二是突出影像的高空间分辨率的特点，增减全色数据灰度。

(1)全色数据处理。选择高通滤波方式锐化处理全色波段影像，可增强影像的纹理信息，避免非线性拉伸。

(2)多光谱数据处理。多光谱影像数据的光谱信息非常丰富，融合前应充分考虑不同地物的光谱信息和各波段的光谱信息，选择最佳波段组合和彩色合成，以提高影像解译和分析的准确率。

2)影像融合

目前国内外遥感影像处理软件的融合方法主要有 IHS 变换、Brovey 变换、CN 变换、光谱锐化(Spectral Sharpening)、PCA 变换、格拉姆-施密特(Gram-Schmidt)方法、全景锐化(Pan-sharpening)、Ehlers 融合法、HCS 融合法、Subtractive 融合法。实际工作中，可依据生产目的和融合方法的特点选择最适合的融合方法。影像融合结果如图 3.5 所示。

(a) 多光谱影像　(b) 全色影像　(c) 融合结果

图 3.5 影像融合结果

8. 影像增强、镶嵌和裁切

1)影像增强要求

(1)对于整景的数字正射影像图，由地形原因引起的拉伸现象不需要处理。

(2)整景纠正成果(含全色影像和多光谱影像)不需要进行增强处理，只需对分幅数字正射影像图成果进行增强处理。

2)增强方法

影像增强方法主要有：匀光处理、色彩饱和度/对比度调整、去薄雾处理、锐化处理。

3)增强质量要求

(1)遥感影像的直方图需呈正态分布。

(2)增强后的影像应纹理清晰，无显著噪声。

(3)分幅影像间颜色要均衡，纹理过渡要自然。

(4)全色影像增强后纹理要清晰，反差要适中；多光谱影像增强后色彩要饱和。

4)镶嵌要求

在进行影像镶嵌时，应保证影像接边，色彩、纹理自然过渡，无拉花现象。镶嵌线需绕开人工地物。

5)影像镶嵌

影像镶嵌要考虑影像的分辨率、套合精度、色差等因素，注意设置羽化值，避免重影、错位、模糊等现象产生。

6)影像裁切

数字正射影像图标准分幅影像裁切范围是根据 1∶1 万内图廓外接矩形外扩 1 cm。

9. 数字正射影像图制作的关键环节

制作数字正射影像图时，经常会出现影像扭曲变形的情况，处理方式如下：

(1)在制作分幅数字正射影像图时,尽量不要选择由纠正引起扭曲变形的影像,当扭曲变形影响地类的自动解译时,需进行消除变形处理。

(2)整景数字正射影像图扭曲变形时可不用处理。

(3)无须处理因地形引起的数字正射影像图变形。

10. 数据处理技巧

1)影像数据

地理国情普查所使用的 WorldView-2 和 QuickBird 影像数据的特点为:多光谱影像数据各波段间吻合度高,不用进行波段匹配;全色影像与多光谱影像匹配精度高,无须配准,可直接进行融合处理。

2)资源三号数据特点

资源三号数据特点为:多光谱影像数据各波段不用匹配,这是因为其匹配精度高;全色影像与多光谱影像数据间存在偏移,配准后方可融合。

3)作业流程

先配准,然后融合,最后依据控制资料和数字高程模型进行正射纠正,如图 3.6 所示。

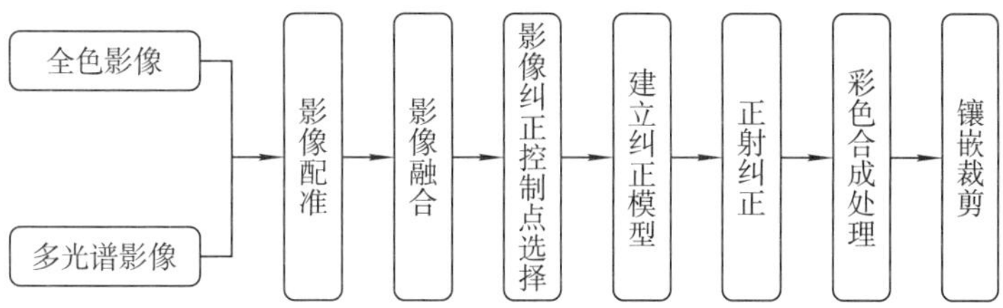

图 3.6　影像正射纠正流程

(二)地理国情监测地物分类与特征识别

1. 地理国情监测的内容

综合考虑基础性地理国情监测的需求和可行性,分类对象主要包括地表形态、地表覆盖和重要地理国情要素三个方面。地表形态信息反映地表的地形及地势特征,也间接反映了地貌形态。数字高程模型是反映地表形态常用的计算机表示方法。

地表覆盖信息反映地表自然营造物和人工建造物的自然属性或状况。地表覆盖不同于土地利用,一般不侧重于土地的社会属性(人类对土地的利用方式和目的意图等)。

重要地理国情要素信息(以下简称"地理国情要素")反映与社会经济生活密切相关、具有较为稳定的空间范围或边界、具有明确标识、有独立监测和统计分析意义的重要地物及其属性,如城市、道路、设施和管理区域等人文要素实体,湖泊、河流、沼泽、沙漠等自然要素实体,以及高程带、平原、盆地等自然地理单元。

基础性地理国情监测的内容分为 10 个一级类、59 个二级类、143 个三级类,如表 3.4 所示。

表 3.4　基础性地理国情监测的内容分类

代码	一级类	二级类数量/个	三级类数量/个
0100	种植土地	9	13
0300	林草覆盖	10	20
0500	房屋建筑(区)	5	10

续表

代码	一级类	二级类数量/个	三级类数量/个
0600	铁路与道路	5	5
0700	构筑物	9	29
0800	人工堆掘地	4	14
0900	荒漠与裸露地	5	5
1000	水域	5	8
1100	地理单元	4	36
1200	地形	3	3

2. 道路的分类识别和提取方法

1)道路的基本特征

道路在高分辨率影像上表现为亮白色的狭长地类,其特征主要体现在曲率、亮度、长宽比、密度等方面。其主要特点为:路宽一致,长宽比显著,弯曲变向幅度较小;呈明亮的线条状。

2)道路提取方法

(1)利用监督分类提取道路。传统的监督分类是根据多尺度分割的尺度以及统计采集的样本点的特征进行分类的,分类速度快,适用于简单地类,但对高分辨率影像中的道路分类精度低,易出现错分和椒盐噪声情况。

(2)基于 eCognition 的特征指数构建规则集提取道路。在高分辨率影像上基于面向对象分类软件 eCognition 进行道路的信息提取,根据道路的特征和辅助信息,构建道路信息的评定规则集,并设置各规则集的阈值,从而进行道路的提取,如图 3.7 所示。

(a) 提取前 (b) 提取后

图 3.7 基于 eCognition 的特征指数构建规则集提取道路结果

(3)利用 ArcGIS 缓冲区功能半自动化人机交互提取道路。在地理国情普查项目中,道路是一个重要要素,不仅需在地表覆盖中采集路面(含无轨路面和有轨路面),还需在地理国情要素中采集道路的中线及属性。根据地理国情要素中采集的道路中线及道路等宽的几何特征,在 ArcGIS 中进行缓冲区分析批处理,以达到快速提取路面的目的,如图 3.8 所示。不同的道路有不同的宽度,缓冲区分析是根据道路宽度进行分析的,以道路中线向两侧拓展其道路宽度的一半,即可提取路面,在属性字段中运用字段计算器进行处理。

（a）提取前

（b）提取后

图 3.8　基于缓冲区分析提取道路结果

3. 水体的分类识别和提取方法

1)水体的基本特征

水体包括大海、江河、湖泊、水库、人工水渠和坑塘等多个地类。在地表覆盖中，只采集水面和面状水渠。在高空间分辨率的遥感影像上，水体具有以下特征：

(1)水体吸收近红外波段，反射率很低。

(2)动态的水体在绿波段和近红外波段吸收性强，静止的水体（如湖泊）在绿波段和蓝波段吸收性强。

2)水体遥感指数

(1)归一化差异水体指数（normalized difference water index，NDWI）的表达式为

$$NDWI=(p_{\mathrm{Green}}-p_{\mathrm{NIR}})/(p_{\mathrm{Green}}+p_{\mathrm{NIR}})$$

式中，p 表示反射率，Green 为绿波段，NIR 为近红外波段。

(2)改进的归一化差异水体指数。改进的归一化差异水体指数（modified normalized difference water index，MNDWI），适用于城市水体信息的提取，它解决了归一化差异水体指数不能区分房屋建筑物和水体信息的问题，其表达式为

$$MNDVI=(p_{\mathrm{Green}}-p_{\mathrm{MIR}})/(p_{\mathrm{Green}}+p_{\mathrm{MIR}})$$

式中，Green 为绿波段，MIR 为中红外波段。

3)水体提取方法

基于特征指数构建规则集提取水体。由于高分辨率遥感影像出现的新的特点，基于水体特征指数构建规则集进行水体的提取，是依据水体基本特征、指数信息、辅助信息，开发水体信息提取的规则集，设置各规则的参数阈值，再进行水体信息提取。参数主要包括光谱信息、标准差、几何特征等。

首先，进行多尺度分割，设置合理的分割尺度、形状因子及紧致度因子，保证水体形状与边缘连续且清晰；其次，进行潜在水体的粗提取，建立规则集，依次对影像进行粗提取，如图 3.9 所示；最后，对上述成果进行融合、边界平滑和人工编辑处理，如图 3.10 所示。

图 3.9 分类提取结果

图 3.10 边界平滑结果

4. 植被的分类识别和提取方法

1)植被的基本特征

植被在可见光范围内绿波段反射性强,而在红波段和蓝波段吸收性强,因而自然界中的植被呈绿色。地表覆盖采集的植被覆盖类型包括园地、草地、林地等。植被在高分辨率影像上具有以下特征:植被在近红外波段反射率高,在红波段吸收率高;在近红外波段,草本植物的光谱反射率最高,其次是灌木林和乔木林;植被纹理细节更突出;草地的色调均匀,且无阴影;灌木呈细颗粒状,植株低矮,阴影小;乔木林高大,可以看到明显的阴影,针叶林的落影呈锥状,阔叶林呈椭圆状。

2)植被提取方法

基于植被特征指数构建规则集的植被提取方法是利用植被光谱特征、纹理特征、指数信息,以及辅助信息,构建植被信息的评定规则,设置各规则的参数阈值,进行植被信息提取,主要包括灰度均值、标准差、纹理结构、归一化植被指数等。首先,进行多尺度分割,设置合理的分割尺度、形状因子及紧致度因子,保证植被形状与边缘连续且清晰;其次,对潜在植被进行粗提取,主要根据植被在近红外波段吸收率强的特点,利用归一化植被指数,设定合适的阈值进行分类,根据其在近红外波段光谱的反射率,分为乔木林、灌木林和草地;再次,对潜在植被进行优化,根据像元的亮度值剔除植被的阴影,根据纹理特征对植被进行细分;最后,对上述成果进行合并,对输出的矢量数据进行平滑和人工编辑处理。

5. 建筑物的分类识别和提取方法

1)建筑物的基本特征

在高分辨率影像上,建筑物的灰度及几何特征比较明显,其特征主要表现为:

(1)房屋建筑区成片状分布,轮廓规则整齐,内部的灰度值均匀。

(2)建筑物的一个非常有意义的特征是建筑物边界与其周围地物在高度上的骤变。一般可根据光谱特征、几何特征以及高度差异提取建筑物。

2)建筑物提取方法

根据高度差提取建筑物。

(三)遥感影像分类与地表覆盖信息的提取

1. 数据分析

最重要的地理国情普查内容是地表覆盖。数字矢量地图作为普查内业的基础地理信息参考数据,与数字正射影像图叠加分析,根据叠加效果可分为可使用、可部分使用、无法使用三类内业参考数据，如图 3.11 所示。

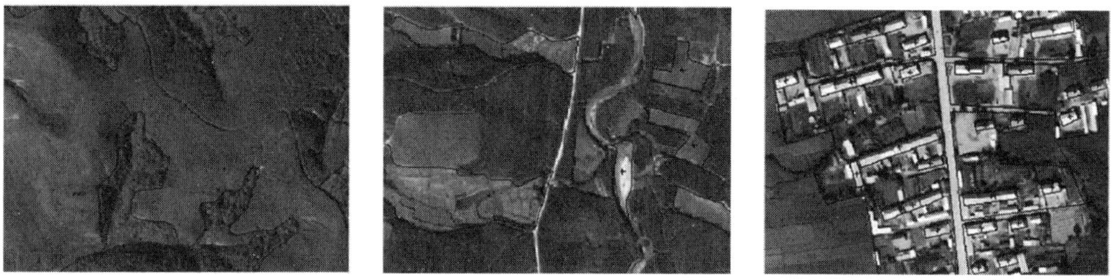

（a）可使用　（b）可部分使用　（c）无法使用

图 3.11　内业参考数据分类样例

（1）内业参考数据与数字正射影像图的时相相近，整体上差异不大，无明显偏移，基本套合，是可优先使用的地理国情普查内业参考数据。

（2）内业参考数据与数字正射影像图有部分差异，即有些地方套合准确，有些地方套合不准，假如人工修改边界，则工作量很大。这种类型的数据可以暂时保留，后期作为专题数据进行矢量辅助分割。

（3）内业参考数据变化太大，采集标准不同，无法使用，这种情况考虑人工解译。但由于数字矢量地图数据图斑的边界与影像套合偏差大，边界修整工作量大，人工解译所花费的时间较长，故可采用计算机自动解译的方式，先分出一级类，然后再人工进行二、三级分类，以减少工作量。

2. 遥感影像的分类方法

1）监督分类与非监督分类技术

分割技术是影像分类技术的前提，直接决定计算机最终的自动解译成果。影像分割过程与影像分类过程是两个独立的过程，也是一个相互影响的循环过程。将影像分割成对象后，利用对象的属性信息，实现影像地物的分类，当分类精度不能达到要求时，需要对分割算法进行改善。

遥感影像的解译主要有两种方式：一种是目视解译，另一种是计算机自动解译，如图 3.12 所示。目视解译是遥感影像工作者的一项基本技能，主要是根据遥感影像的解译标志（判读要素）对遥感影像实现人工解译。解译标志有直接标志和间接标志。直接标志是地物本身的有关属性在影像上的直接反映，如形状、大小、色调、阴影等。间接标志是与地物属性有内在联系、通过相关分析可推断其性质的影像特征。目视解译的过程非常烦琐与漫长，需要人工对影

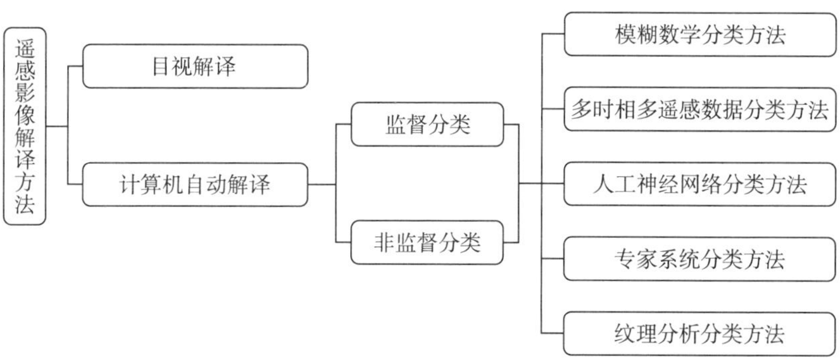

图 3.12　遥感影像解译方法

像进行数字化，受主观因素干扰大，效果也不尽如人意，而且成本也相应地上升。但是目视解译是遥感影像分类不可或缺的过程。与目视解译相比，计算机自动解译受人为主观因素的影响较少，并且分类速度快，主要方法有监督分类与非监督分类。

监督分类主要有两个过程：首先是选择训练样本和提取统计信息，其次是选择合适的分类算法。监督分类的优点有：在关注区域内，选择分类类别，避免出现多余的类别；人为地控制训练样本的选择；通过检查训练样本决定训练样本是否被精确划分，避免出现严重的分类错误；避免监督分类中对光谱集群组的重新归类。缺点有：训练样本的选择及分类系统的确定，受人为的主观因素影响较强，决策者定义的类别可能并不是影像中存在的类别，这导致多维数据空间中各类别间有重叠，决策者所选择的训练样本并不一定能够代表影像中的真实情形；当影像中同一类别的光谱差异较大时，训练样本不能有很好的代表性；训练样本的选择需要消耗较多的人力、时间；监督分类只能够识别训练样本定义的类别，在影像中的地物往往千差万别，没有定义训练样本的区域则不能够识别。非监督分类也被称为聚类分析或者点群分析，不需要人工选择训练样本，而是在影像中自动搜寻、定义自然相似光谱集群的过程，然后决策者将每个组的数据与参考数据进行比较，将其划分到某一类别中去，到现在为止已经形成上百种不同的自然集群算法，如迭代自组织数据分析算法(ISODATA)、链状方法等。与监督分类相比，非监督分类的优点主要表现在以下方面：非监督分类不需要对关注区域预先进行训练样本的选择，但是决策者仍然需要一定的先验知识解释非监督分类得到的集群组；受人为的主观因素影响较小；对于一些特殊的、覆盖范围小的影像中的地物也能够识别，不会像监督分类由于决策者的失误而丢失信息。同样，非监督分类也存在以下缺点：非监督分类中的光谱集群组不一定能对应决策者需要的类别；决策者很难对产生的类别进行控制；影像中地物的光谱特征会随着时间、地形等的变化而变化，不同时间的影像很难保证光谱集群组的连续性，从而使不同影像间的对比变得困难。

在常规的监督分类与非监督分类的基础上，一些专家、学者根据任务结合多种技术提出了一些新的方法，如模糊数学分类方法、多时相多遥感数据分类方法、人工神经网络分类方法、专家系统分类方法与纹理分析分类方法等。

2)eCognition 中的影像分类方法

eCognition 软件采用模糊分类的原理，提供了两种分类方法：最邻近样本分类器和隶属度函数分类器。其中最邻近样本分类器还包括最邻近和标准差最邻近两种。

(1)最邻近样本分类器。最邻近样本分类器的分类算法与监督分类类似，它是以特征空间为中心，为分类层次结构中的不同类别分别定义样本，这里的样本是由对象决定的。简单来说，就是有一组已知分类的数据，当一个新数据进入时，就开始跟训练数据中的每个点求距离，选择训练数据中与新数据距离最近的 K 个点，判断这几个点的类型，然后用少数服从多数的原则，对新数据归类。

如图 3.13 所示，一类是正方形，另一类是三角形，中间的圆形是待分类数据。如果 K 为 3，那么离圆形最近的有 2 个三角形和 1 个正方形，对这三个点进行投票，于是待分类的圆形就属于三角形。如果 K 为 5，那么离圆形最近的有 2 个三角形和 3 个正方形，对这五个点进行投票，于是待分类的圆形就属于正方形。

在 eCognition 中执行最邻近分类是通过一个隶属度函数进行，所有的类别分配均取决于其在 0(无分配)到 1(全分配)内的分配值。在特征空间中一个影像对象距离 A 类越近，其属于该类的隶属度值就越高。如果一个影像对象与一个样本一致的话，那么其隶属度值为1，要确定影像对象属于哪一类，是由隶属度来确定，当属于每一类的隶属度值小于最小的隶属度时，则该影像对象不被分类如图3.14和图3.15所示。

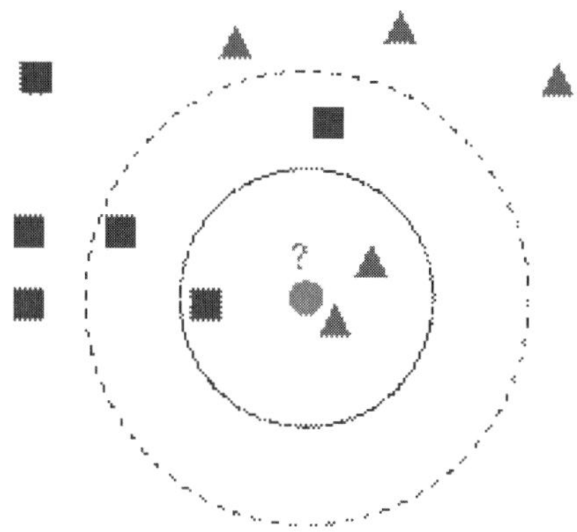

图3.13　最邻近样本分类器的原理

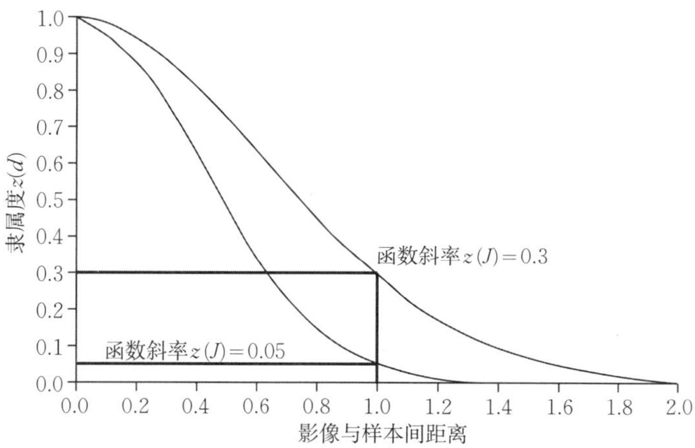

图3.14　两种样本对象的隶属度函数

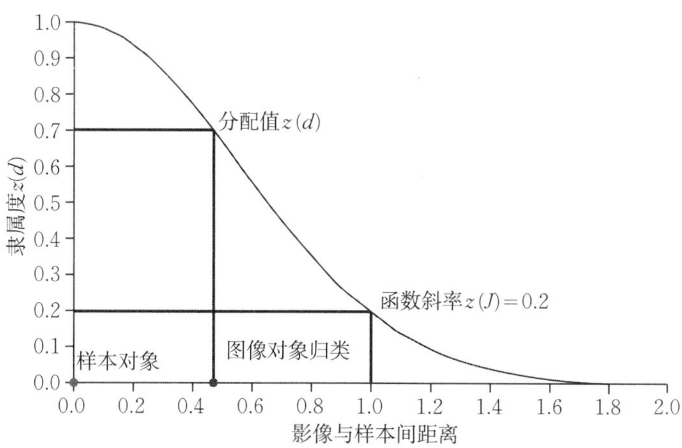

图3.15　影像对象与样本对象隶属度关系

(2)隶属度函数分类器。隶属度函数分类器的分类算法采用模糊分类的思想。传统的分类方法是把对象的特征值赋予0或者1,以确定影像对象应该属于哪一类,而模糊分类是一种典型的软分类的方法,基本思想是明确提出隶属度函数的概念,不是把影像对象的特征值转换为0或者1,而是把影像对象的特征值转换为0到1之间的模糊值,以此确定影像对象的隶属度。隶属度函数分类器的分类算法可以把信息和概念公式化,从而在属性值与计算的模糊值之间建立连接。采用模糊分类的数学方法有以下优点:特征值与模糊值之间的转换,实际上就是一个特征标准化的过程,允许特征之间的相互组合,甚至可以把范围和大小不同的特征进行组合;提供了明确和可调整的特征描述,通过模糊运算和层次类型描述,可以进行复杂的特征描述。

隶属度函数可以精确定义对象属于某一类的标准,一个隶属度函数是一维的,是基于一个特征的。如果一个类仅通过一个特征或者只用少数的特征,就能和其他类区分,则可以使用隶属度函数。例如,用层均值(layer mean)命令将分割影像中的水体提取出来。因此,可以建立语义层次结构,综合各种特征对影像进行分类。该算法与最邻近样本分类算法相似,对每一个特征,计算特征值,选择适当的隶属度函数,将其归属到[0,1]的隶属度,有不同特征时,可以通过"与""或"和"非"等操作进行组合。

3. 地理国情信息的提取

在地理国情普查项目中,信息提取方法主要有人工解译、计算机自动解译和人机交互式解译等。在实际生产过程中,可根据影像的质量、所提取信息的类型选择不同的信息提取方法。

1)人工解译

人工解译是指利用影像波谱特征和空间特征(如纹理、大小、形状、阴影、位置和布局),组合多种非遥感信息资料(如地形图、各种专题图),运用其相关规律,进行由表及里、由此及彼、去伪存真的综合分析方法和逻辑推理的思维过程,如图3.16所示。

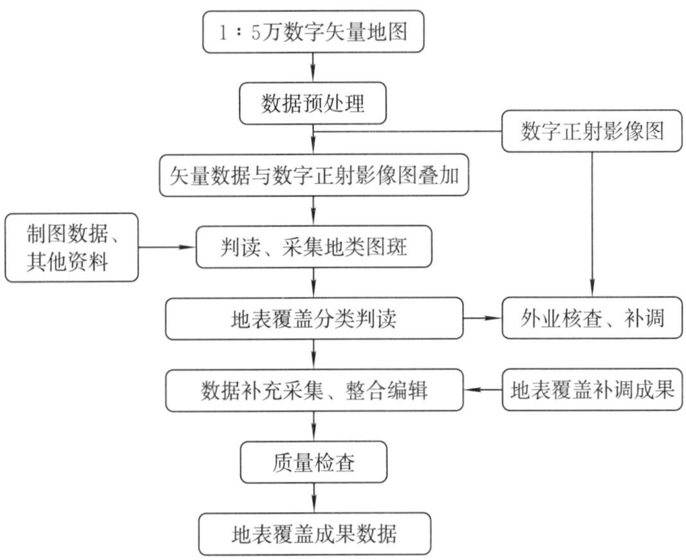

图3.16　人工解译流程

在地理国情普查中,人工解译主要用于同时拥有近期1∶5万数字矢量地图和数字正射影像图的地区。

(1)数据预处理。数据预处理是将 1∶5 万数字矢量地图的 1980 西安坐标系转换为 2000 国家大地坐标系后,按标准分幅的图幅范围进行数据裁切和拼接,保证图幅完整。

(2)地物采集。数字正射影像图与数字矢量地图中要素的边线套合无明显差异的,地类图斑边线尽量直接使用 1∶5 万数字矢量地图中的面范围线及各种地物边界;不可直接使用的,需在数字正射影像图上准确勾画对应地类图斑边线。当数字正射影像图的时相比数字矢量地图新时,数字矢量地图中要素的边线与数字正射影像图套合后有明显差异和偏移的,应按照数字正射影像图重新采集图斑范围线。针对野外补调的地类,参照调绘片在数字正射影像图上定位采集;对于数字正射影像图上没有的及野外实地调绘新增的和变化的地类,按照提供的补测数据或调绘片判绘。

2)计算机自动解译

计算机自动解译采用面向对象的分类方法,充分利用高分辨率遥感影像的光谱和纹理特征,提取出同质对象,再根据遥感影像分类要求,提取出目标地物的不同特征,如图 3.17 所示。

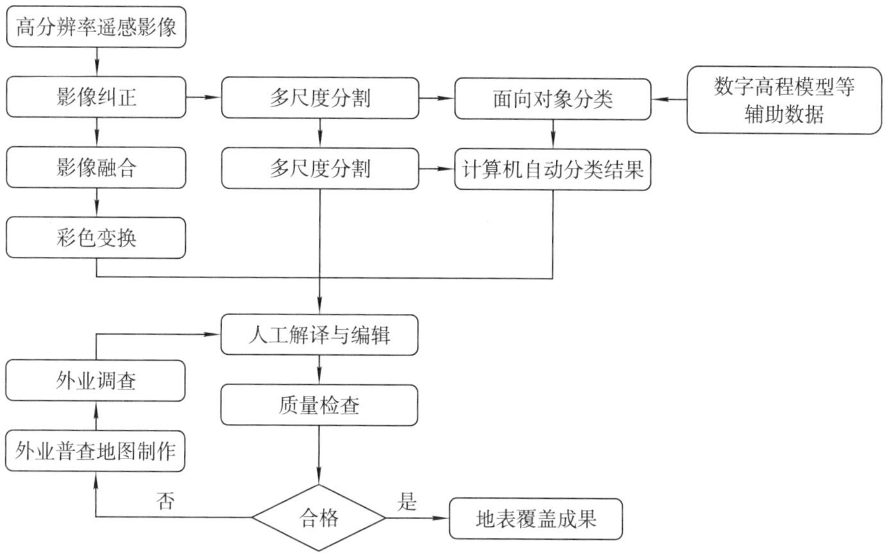

图 3.17　地理国情普查计算机自动解译流程

人工解译主要依赖时相较新的地理信息数据(如数字矢量地图和数字正射影像图等),操作简单,但耗时长,自动化程度低;计算机自动解译提取速度快,但解译精度低,如表 3.5 所示。

表 3.5　人工解译和计算机自动解译的优缺点对比

解译方法	优点	缺点
人工解译	操作简单,提取精度高	耗时较长,地物边界由人确定,容易综合,不精确
计算机自动解译	提取方法简单,速度快	生产精度低;针对地理国情分类体系,自动化难度大

3)人机交互式解译

人机交互式解译是以高分辨率遥感影像数据为基础,充分利用已有的基础地理信息数据和地理国情要素数据,采用专业软件(eCognition)自动分类与人工解译相结合的方式进行分类。

如图 3.18 所示,影像数据采用了融合数据和未融合数据两种形式,矢量数据包括 1∶1 万数字矢量地图数据,以及人工采集的地理国情道路中线等。将采集到的道路要素和面状居民地加入 eCognition 软件中,进行基于矢量数据的分割,建立合适的规则集进行分类,进行交互式自动解译,针对自动分类不易提取到的要素类别(如园地、人工堆掘地),则在自动解译的基础上,以融合影像为背景,进行人机交互判读解译。最后对分类的图斑进行合并、拆分、重构等编辑,提取相关属性,完成地表覆盖初步成果。

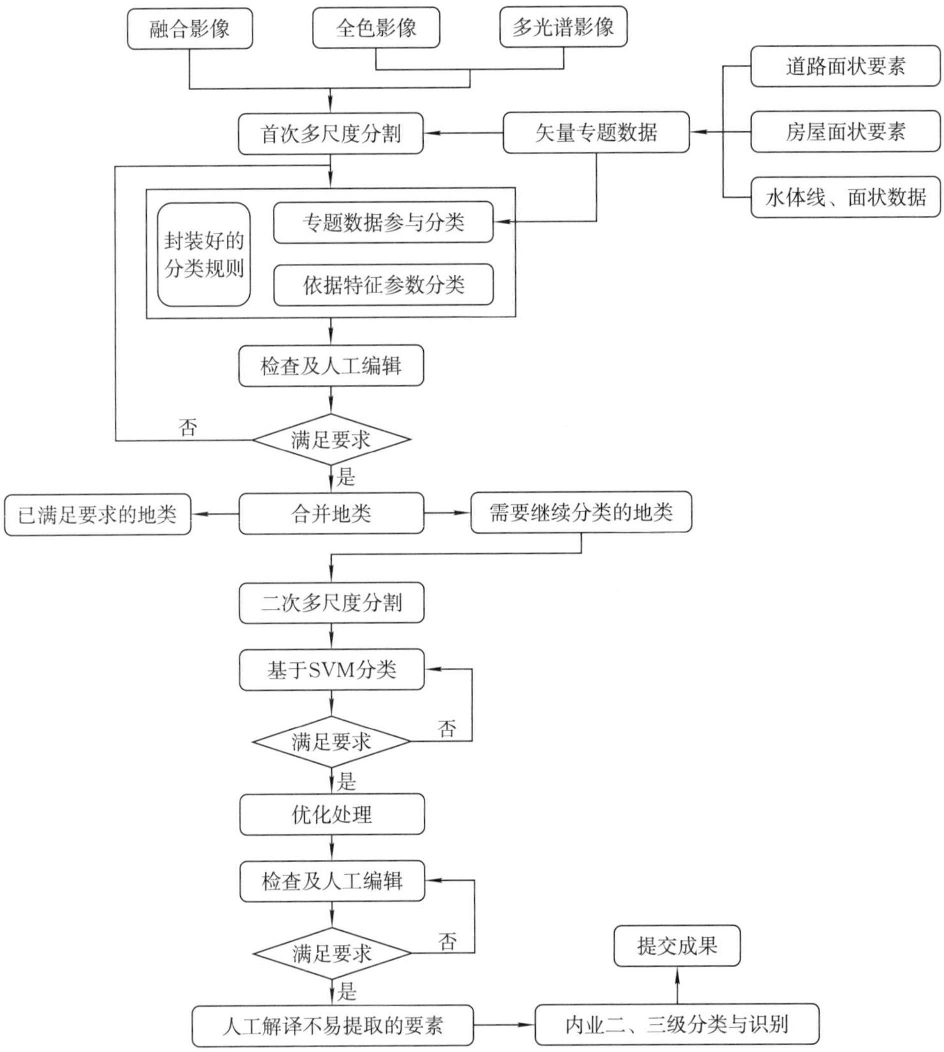

图 3.18　人机交互式解译流程

4. 地理国情普查时点核准区域的变化检测

地理国情普查标准时点核准的主要目标是通过核实从数据采集到标准时点阶段发生变化的内容,利用最新时相的卫星遥感影像数据,发现并核查到标准时点阶段发生变化的地表覆盖和地理国情要素,核准各类内容的正确性,补充新增内容,消除普查前阶段由资料时效性和外业局限性等导致的现势性不一致的现象,使普查成果尽可能反映普查标准时点阶段的状态。

地理国情普查时点核准区域的变化检测是利用标准时点核准影像进行数据分类提取,将其与前一阶段生产的数据进行比对，检测出该地区的地物有无变化，并对变化范围进行定性。

1）时点核准变化区域检测的流程

常用的遥感影像处理软件只能对相同数据源、时相较为接近的影像进行自动比对，找出变化区域，而此次地理国情普查前一阶段生产大多使用0.5 m分辨率的影像，而时点核准主要使用2.1 m分辨率的影像，且时相也大多不相同，故此次变化区域自动检测不能用遥感影像处理软件直接提取变化区域。针对地理国情普查的数据现状，变化区域检测可采用普查成果叠加新影像人工检测变化区域和基于影像变化检测识别变化区域两种方式，技术流程如图3.19所示。

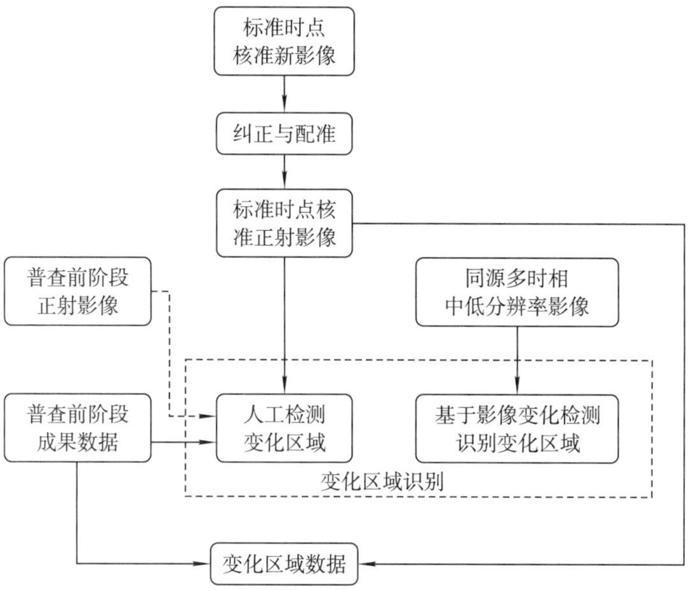

图3.19　时点核准变化区域检测的流程

2）时点核准变化区域检测的方法

（1）普查成果叠加新影像人工检测变化区域。利用标准时点核准新影像叠加前阶段普查数据成果，并对照前阶段使用的影像资料和时点核准方案列出的重点内容，选择目标类型图斑或要素，逐一对比影像，确定是否发生变化。

（2）基于影像变化检测识别变化区域。利用标准时点核准影像，采用地理国情要素提取与解译系统，利用前一阶段生产的遥感解译样本数据和地表覆盖分类数据，对时点核准影像进行自动分类，通过计算机自动解译或人机交互式解译，识别两个时点之间发生变化的区域。由于时点核准阶段时间紧、任务重、工作量大，传统的普查成果叠加新影像人工检测变化区域需要耗费大量的人力和时间。

——变化矢量分析法（change vector analysis，CVA）。该方法由简单差分法扩展而来。算法设计是基于变化强度图的直方图曲率确定最佳分割阈值所在的上下限范围，然后利用改进后的大津法在阈值上下限范围内遍历计算，当遍历得到的类间方差最大时，即得最佳阈值，最后用最佳阈值对变化强度图进行分割，得到变化区域与未变化区域。

——交叉相关分析法（canonical correlation analysis，CCA）。该方法先对前时相遥感影像分类，提取分类结果的矢量边界，将其叠加在后时相影像上，得到不同分类边界划分出的小块区域的光谱期望值，然后比较每个像素期望值与光谱实际值之差，根据差值确定发生变化的区域。

——分层次的交叉相关分析法。该方法先对前期数据进行自动分类，然后与后期数据叠加，分别计算前后期对应类别影像三个波段的灰度概率，获取统计峰值对应的灰度值（分别记为 a、b），将后期数据对应类别灰度值减去（$b-a$），试图去除大气、传感器等外界因素对影像灰度值所造成的影响，最后对消除影响后的后期数据按类别进行统计，得到表征变化趋势的 Z 值灰度图，对 Z 值灰度图进行阈值分割，提取得到发生变化的区域。

三、学习考核

（一）思考题

1. 查阅资料，描述双线性内插和三次卷积法各有何特点。
2. 阐述建筑物提取的方法。

（二）练习题

1. 在 ENVI 软件平台中进行影像镶嵌练习。
2. 在地理信息空间云中下载 Landsat-8 数据进行影像融合练习。
3. 基于融合影像进行地理国情要素数据的人工解译练习（分类到大类即可）。

（三）测试题

在地理信息空间云中下载 Landsat-8 影像，尝试用 eCognition 软件进行分割。

任务四　地理国情监测数据库建库

［单元概述］

地理国情监测数据库是地理国情监测的重要成果，是进行地理国情监测数据分析统计的基础，本任务主要介绍地理国情监测数据库的建库方法和流程。

一、任务要求

1. 了解地理国情监测数据的特征、组织方法。
2. 理解地理国情监测数据库。
3. 掌握地理国情监测数据库建库操作。

二、学习内容

（一）地理国情监测数据特征

地理国情普查数据由各省（区、市）和国家分别建库，各省收集普查数据，完成初步建库（主要是数据预处理）工作后，将数据汇交到国家进一步构建全国数据库，目的是实现地表覆盖和地理国情要素数据从省级数据库到全国数据库的增量更新。而地理国情监测则是在地理国情普查成果的基础上进行的，地理国情监测在选择何种数据源时应综合考虑各种因素。

1. 地理国情监测数据特征

从地理国情监测数据的获取要求来看，地理国情监测数据应满足高时效性、高可靠性和准确性等要求。从地理国情监测数据的组织管理角度而言，其特征具体如下。

1）动态变化

地理国情监测数据具有时序性，其在一定的时间范围内会发生明显或不明显的变化，这就要求对地理国情要素进行多时相的信息采集及集成分析，以辅助科学决策。动态变化可反映一定时期内地理国情要素连续的发展变化状况，如城市发展扩张、城镇土地利用等均具有明显的连续变化特征。

2）空间几何

地理国情要素对象均具有确切的空间位置，存在空间位置相关性，且有一定的空间分布特征。因此，在组织地理国情监测数据时，需要充分考虑空间分布特征，核心是提高数据访问效率，同时还需要建立高效的空间索引。

3）非结构化

地理国情监测数据的复杂性、时序性，使地理国情要素数据记录常常呈现为不定长的非结构化数据，这也导致其地理空间数据很难直接采用通用的关系数据管理系统进行管理。

4）空间关系

空间关系可表达空间位置中地理国情要素之间的关系，要素的空间坐标信息隐含了空间分布关系，拓扑结构则表达了邻接等非度量结构关系。借助要素的空间关系，可方便地进行空间查询、空间统计和空间分析等，如多种要素的叠置分析、单个要素的缓冲区分析等。

5)多源多尺度

地理国情监测数据的多源性是空间数据不确定性、获取手段多源性、数据用途多样性、数据生产方式多样性、存储格式多样性和语义多样性等原因造就的。而尺度一词,又称为“粒度”,包括空间和时间两种尺度。

6)海量

地理国情监测数据的数据量非常庞大,远大于一般的数据库。一个城市的地理国情数据量可达 TB 级,如果包括多源影像数据(如多尺度的数字正射影像图、数字矢量地图等)的存储,可达到 PB 级。

2. 地理国情时空数据组织模型

地理国情监测的重点是变化监测。地理国情监测数据的时空关系表达,是建立动态监测信息系统的关键技术。时空数据类型如图 4.1 所示。

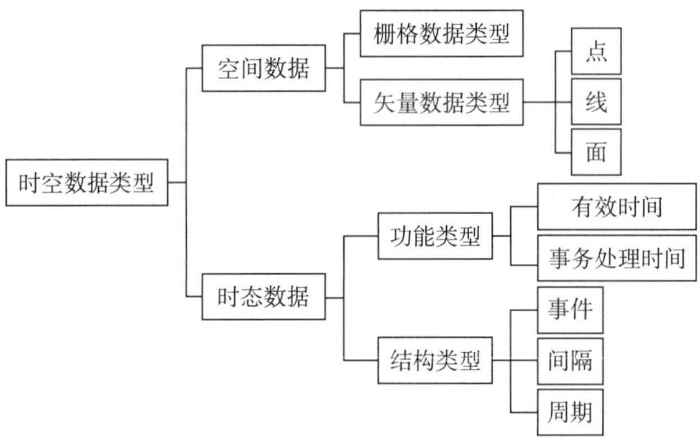

图 4.1 时空数据类型

1)时空数据类型

(1)空间数据是指以地球表面空间位置为参照的自然、社会、人文、经济数据,可以是图形、图像、文字、表格和数字等表达方式。空间数据表达的信息是空间信息。空间信息反映了空间实体的位置以及与该实体相关联的各种属性、关系、变化趋势和传播特性等。空间数据具有定位、定性、时间和空间关系等特点。定位是指在已知的坐标系里空间目标都具有唯一的空间位置;定性是指空间目标的自然属性,它与目标的地理位置密切相关;时间是指空间目标随时间的变化而变化;空间关系通常用拓扑关系来表示。

空间数据包括栅格数据类型和矢量数据类型(图 4.2)。其中栅格数据是将研究区域划分为均匀的格网,每个格网作为一个像素,像素的位置由其所在的行、列号确定,属性则由像素中的代码表示。在栅格数据结构中,一个点(如房屋)由单个像素表达,一条线(如道路)由具有相同取值的一组相邻像素表达,一个面状地物(如旱地)由若干聚集在一起的具有相同取值的像素表达。栅格数据结构的特点是属性明显、定位隐含。矢量数据结构是利用欧几里得空间中的点、线、面及其组合体表示地理实体的空间分布,是通过记录坐标的方式,尽可能精确地表示点、线、面等地理实体。地理实体的位置用其在坐标参考系中的空间位置定义,特点是定位明显、属性隐含。

(2)时态数据是表示某个时间点状态的数据,如某个区域 2016 年的降水量、人口总数、经济收入等。通过收集时态数据可分析天气模式和其他环境变量、监视交通状况、研究人口统计趋势等。可通过多种方式获取时态数据,手动输入的数据、观测传感器收集的数据及模拟模型生成的数据，均可作为时态数据来源。时态数据包括功能类型和结构类型，其中，功能类型包括有效时间和事务处理时间。时态数据有效时间是指一个对象在现实世界中发生并保持的时间，即该对象在现实世界中语义为真的时间，包含 Valid-From 和 Valid-To 两个值，它可以指示过去、现在和未来；事务处理时间是指一个数据库对象发生操作的时间，是一个对象存储在数据库或者在数据库中发生改变的时间，包含 Transaction-From 和 Transaction-To 两个值。当用户对数据库状态进行更改时，会产生各种操作历史，事务处理时间真实地记录了数据库状态变更的历史。有时也称事务处理时间为系统时间。

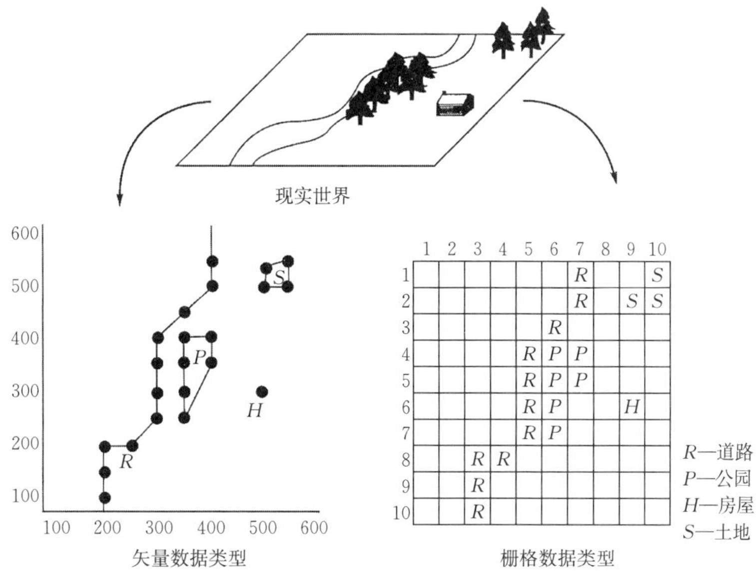

图 4.2　空间数据的两种表达方式

2）时空数据模型

时空数据模型通常由数据结构、数据操作和完整性约束三部分组成。时空数据模型是一种有效组织和管理时态地学数据，空间、专题、时间语义完整的地学数据模型。它不仅强调了地学对象的空间和专题特征，而且还强调了这些特征随着时间发生的变化，即时态特征。空间和时间是现实世界最基本、最重要的属性。许多空间应用系统，尤其是地理信息系统都需要表达地学对象的时空属性，如在地籍变更、环境监测、城市演化等领域都需要管理历史变化数据，以便重建历史，跟踪变化，预测未来。而传统的地理信息数据模型强调地学对象的静态描述，通常采用栅格数据或矢量数据的方式来描述空间数据，限制了如移动、变迁等动态信息的表达。而时态地理信息系统是一种采集、存储、管理、分析与显示地学对象随时间变化的信息的计算机系统。时态地理信息系统的核心问题之一是时空数据模型的建立。

时空数据模型的核心问题是研究如何有效地表达、记录和管理现实世界的地理实体及其相互关系随时间不断发生的变化。一是属性变化，其空间坐标或位置不变；二是空间坐标或位置变化，而属性不变，这里的空间坐标或位置变化既可以是单一实体的位置、方向、尺寸和形状等发生的变化，也可以是两个以上地理实体之间的关系发生的变化；三是地理实体或现象的坐标和属性都发生变化。

3）地理国情时空数据模型

时态地理信息系统的组织核心是时空数据库，时空数据模型则是时空数据库的基础。地理国情时空数据模型是表示、组织、管理、操作随时间变化的地理空间数据的数据模型，用于重建历史状态、跟踪变化和预测未来。但是空间、属性、时间三者之间的关系和结构组织非常复杂，理想的地理国情时空数据库和时态地理信息系统目前还没有出现，目前比较有影响的时空数据模型主要有以下几种：

（1）时空复合模型。将多次独立的叠加操作转换为一次性的合成叠加，将变化累积形成最小变化单元，由这些最小变化单元构成的图形文件和记录变化历史的属性文件联系在一起表达数据的时空特征。最小变化单元是一定时空范围内的最大同质单元。其缺点在于多边形碎化和对关系数据库的过分依赖，随着变化的频繁发生会形成很多碎片。

（2）连续快照模型。连续快照模型在数据库中仅记录当前数据状态，数据更新后，旧数据变化值不再保留，即"忘记"过去的状态。连续快照模型是将一系列时间片段快照保存起来，以反映整个空间特征的状态。由于快照对未发生变化的所有特征重复进行存储，会产生大量的数据冗余，因此当事件变化频繁且数据量较大时，系统效率急剧下降。

（3）基态修正模型。为避免连续快照模型将未发生变化部分的特征重复记录的情况，基态修正模型只存储某个时间点的数据状态（基态）和相对于基态的变化量。只有在事件或对象发生变化时才将变化的数据存入系统，时态分辨率刻度值与事件或对象发生变化的时刻完全对应。基态修正模型对每个对象只存储一次，而且每变化一次，仅有很少量的数据需要记录。基态修正模型也称为更新模型，有矢量更新模型和栅格更新模型。其缺点是较难处理给定时刻时空对象间的空间关系，且对很远的过去状态进行检索时，需要对几乎整个历史状况进行阅读操作，效率很低。

（4）时空立方体模型。时空立方体模型用几何立体图形表示二维图形沿时间维发展变化的过程，表达了现实世界平面位置随时间的演变，并将时间标记在空间坐标点上。给定一个时间位置值，就可以从三维立方体中获得相应截面的状态，也可扩展表达三维空间沿时间变化的过程。缺点是随着数据量的增大，对立方体的操作会越来越复杂，以至于最终无法处理。

（5）时空对象模型。时空对象模型认为世界是由时空原子组成的，时空原子为时间属性和空间属性均质的实体。在该模型中时间维与空间维是垂直的，可表示实体在空间和时间上的变化，但未涉及对渐变实体的表示。缺点是随着时间发生的空间渐进的变化不能在时空对象模型中表示，而且没有一个描述变迁、过程的概念。

（6）面向对象的时空数据模型。面向对象方法是在节点、弧段、多边形等几何要素的表达上增加时间信息，考虑空间拓扑结构和时态拓扑结构。一个地理实体，无论多么复杂，都可以作为一个对象进行建模。缺点是没有考虑地理现象的时空特性和内在联系，缺少对地理空间实体或现象的显式定义和基础关系描述。

Geodatabase 是 ArcGIS 软件中的地理信息数据模型，是 Esri 公司多年研发，并在先前数据模型的基础上演化而来的。Geodatabase 按照一定的模型和规则组合地理要素数据集，为用户提供要素类及其拓扑关系、复合网络、要素间关系以及其他面向对象要素的支持。

在 ArcGIS 中进行地理国情监测数据组织，主要采用 Geodatabase 数据模型的对象类、要素类、要素数据集三种存储方式。

（1）对象类。对象类表示一个没有空间几何的实体，没有位置相关信息，将一个对象类作为一个存储非空间数据的表存储在 Geodatabase 中。

（2）要素类。要素类是具有相同几何类型和属性的要素的集合，即同类空间要素的集合，如河流、道路、景区等。要素类之间可以独立存在，也可以具有某种联系。当不同要素类之间存在某种联系时，应将它们组织到一个要素数据集中。在地理国情监测成果提交中，需要提交的要素类(数据层)主要包括地表覆盖分类数据(其中本地数据层为 V_LCRA，变化信息数据层为 UV_LCRA)、城市道路(线)(其中本地数据层为 V_LCTL，变化信息数据层为 UV_LCTL)、水体(线)(其中本地数据层为 V_HYDL，变化信息数据层为 UV_HYDL)等。以上要素类成果均按照相应要求存储到所对应的要素数据集中。

(3)要素数据集。有三种通用的地理数据模型：矢量、栅格和三角网。在 Geodatabase 中，它们通过三种地理数据集来实现：要素数据集、栅格数据集和 TIN 数据集。要素数据集是具有相同坐标系统的要素类的集合。可以在要素数据集的内部或外部组织简单要素类，但拓扑要素类只能存在于要素数据集内部，以确保它们具有相同的坐标系统。栅格数据集可以是简单数据集，也可以是具有特征光谱或类型值的多波段组合数据集。TIN 数据集是一组在确定范围内，每个节点具有反映该表面类型的 Z 值的三角形的集合。在地理国情监测成果提交中，要素数据集主要包括地表覆盖数据集(LcrDataset)、交通网络数据集(TraDataset)、水域网络数据集(HydDataset)、构筑物要素数据集(StrDataset)、地理单元数据集(UniDataset)和城市地区城镇综合功能单元数据集(CtyDataset)。

(二)地理国情监测数据库建设

1. 地理国情监测数据基本要求

1)数学基础

坐标系：采用 2000 国家大地坐标系，地理坐标的经纬度以“度”为单位，用双精度浮点数表示，保留 9 位有效小数(0.000 000 001°)。参考定义各项坐标参数的投影文件，平面基准主要参数如表 4.1 所示。

表 4.1　平面基准主要参数

序号	参数名称	参数值	参数说明
1	Geographic Coordinate System	GCS_China_Geodetic_Coordinate_System_2000	地理坐标系名称
2	Datum	D_China_2000	大地基准名称
3	Spheroid	CGCS2000	椭球体名称
4	Semimajor Axis	6 378 137	长半轴
5	Inverse Flattening	298.257 222 1	扁率倒数
6	Angular Unit	Degree (0.017 453 292 519 943 3)	角度单位
7	Prime Meridian	Greenwich (0.0)	本初子午线

高程基准：采用 1985 国家高程基准，高程系统为正常高；高程坐标单位为“米”，保留 2 位有效小数(0.01 m)。

这里要注意的是：监测工作中，本底数据的坐标系名称与表 4.1 要求的名称不一致的，变化信息采集时要与本底数据保持一致，建库后再统一修改。

2)精度要求

(1)数据采集平面精度要求。数据采集平面精度，即采集的地物界线和位置与影像上的地物边界和位置的对应程度。数据成果的整体平面精度水平取决于数字正射影像精度和数据采集精度两个因素。数字正射影像精度应符合《数字正射影像生产技术规定》的要求。在合格数字正射影像的基础上，影像上分界明显的地表覆盖分类界线和地理国情要素边界以及定位点的采集精度应控制在5个像素以内。特殊情况下，如高层建筑物遮挡、阴影等，采集精度原则上应控制在10个像素以内。由于摄影时存在侧视角，应对具有一定高度的地物在影像上产生的投影差进行处理，以符合上述采集精度要求。

(2)拓扑要求。数据采集时，判断两个坐标点是否相同的 X、Y 容差参数为0.2 m或0.000 001 797 5°，确保新增采集线状要素或面状要素的边线时，同一线上相邻坐标点之间的距离应大于等于0.2 m或0.000 001 797 5°，各点与组成该要素的线段或边线之间的最小距离也应大于等于0.2 m或0.000 001 797 5°，避免出现内外环粘连(有洞的多边形内环和外环之间共点或共线)和自相交(同一多边形多个局部顶角相交)的情况。对于共边的相邻多边形，组成公共边的坐标点在两个多边形中记录的坐标值应相同，确保相邻多边形之间不存在大于0.01 m或0.000 000 089 831 53°的重叠、缝隙等拓扑错误。采集过程不得使用参数曲线，统一采用坐标串表示；地表覆盖图斑多边形节点数不超过10万个，地理国情要素几何要素节点数不超过2万个。对于客观存在的复杂地物，尽可能在合理的地方适当分割，通过多个几何要素进行表示。地表覆盖数据层中，所有图斑都应由单个多边形构成，不应存在由多个多边形组合而成的聚合多边形。

(3)地表覆盖分类精度。在没有明显分界线的过渡地带内，地表覆盖分类数据中的图斑应至少保证符合上一级类型的归类要求；分界线明显的图斑，须严格按照归类要求正确归类。数据整体的分类精度，须满足质量检验的合格标准。

(4)地理国情要素属性精度。长度、宽度、高程等均以“米”为单位。获取的定量属性值保留的有效小数、单位以及值域范围等均应符合规定的各具体属性项的要求，并与地物实际属性相符。

3)数据现势性

成果的数据现势性应达到监测时点的要求。县级以上行政区划相关信息原则上应与民政部主办的“全国行政区划信息查询平台”的查询结果保持一致，政府已经发布有关行政区划变更公告而该平台未能及时反映的，可参考政府公告修改相关行政区划数据，确保符合监测时点的数据现势性要求。县级以下(不含县级)行政区划代码和名称信息一般应以国家统计局发布的最新“统计用区划代码和城乡划分代码”的信息为主要依据，若收集到主管部门发布的数据现势性更好的地名资料时，县级以下行政区划名称应按权威地名资料表示。两级代码不一致时，若有可靠的修改依据，可以根据县级以上行政区划代码修改县级以下(不含县级)行政区划代码，否则不作修改。学校、医院等单位信息应采用主管部门公布的最新信息，实地核查时发生变化的，需在技术总结中记录变更情况。

4)数据一致性

各省、自治区、直辖市在开展基础性地理国情监测工作时，可结合地方实际需求，在全国统一要求的内容与指标基础上，增加监测内容，提高监测的详细程度。其成果数据上交时，按照《基础性地理国情监测内容与指标》(GQJC 03—2019)中已预定义的类型和指标要求采集的数据，其编码不需作归并处理。对于本底数据中明显不符合实际地物状况的，应作为错误对其进行修改，将结果记录到本年度监测成果数据中；对于疑似错误但无确切资料支持的，不应对本底数据进行修改。

5)数据接边原则

地表覆盖分类数据和地理国情要素数据必须经过接边处理，包括图形接边和属性接边。接边时应叠加数字正射影像。对于接边界两侧需接边的线划之间的距离小于《数字正射影像生产技术规定》(GQJC 05—2019)规定的数字正射影像接边限差的，可以调整一边的数据直接接边；对于距离小于2倍数字正射影像接边限差的，两边相向平移接边；对于距离大于2倍数字正射影像接边限差的，应检查和分析原因。

依据《基础性地理国情监测内容与指标》(GQJC 03—2019)确定的规则扩充的新类型和与其对应的上级预定义的类型接边时，无须对新类型的属性编码作归并处理。接边之后应保证图形数据光滑、连续，避免出现硬折、尖角，并确保在接边界0.01 m范围内接边；相接图形为同一实体的，应进行属性接边，确保属性信息的一致性。不同作业区数据合并为不分区数据时，各项属性值相等的相邻同名要素在不超出节点数限制(节点数不大于20 000个)的情况下，接边后应合并为一个实体。

6)元数据

针对地表覆盖分类数据与地理国情要素数据生产的元数据，按照《基础性地理国情监测生产元数据技术规定》(GQJC 02—2018)的要求以空间数据的方式进行采集和汇交。元数据采集应贯穿生产任务计划、资料分析、内业采集、外业调查、检查验收、成果汇交等各个生产环节，元数据是地表覆盖分类数据与地理国情要素数据不可分离的一部分，其质量纳入地理国情监测数据质量控制和检查的工作范围。

生产元数据不作接边处理，但必须保证元数据与提交的地表覆盖分类数据、地理国情要素数据成果范围逻辑一致。

7)数据完整性检查要求

数据成果应完整覆盖监测任务区的范围。沿陆地国界外扩的区域，应确保国界外至少500 m范围内的数据覆盖；沿国际界河外扩的区域，应确保界外河流对岸范围内的数据覆盖；在大陆海岸线或海岛岸线之外扩展的区域，也应全部覆盖；非陆地的区域统一采集为水面。任务区范围由全国统一的任务区界线数据进行明确，并随数据成果一并提交。不应采用与既定任务区界线不一致的行政区划或其他界线数据进行数据覆盖的完整性检查。

2. 地理国情监测数据整合集成

地理国情监测数据的原始资料具有不同的数据来源、存储方式、精度要求等，数据采集、整合和建库的方式有很大差异。目前主要的方式包括手工键盘输入、扫描数字化、数据库迁移、数据转换和数据提取等。

一般而言，基本的地理国情监测数据整合处理步骤包括数据收集、样本数据分析、有效数据提取、数据清洗、数据转换、数据关联、数据质量检查等。地理国情监测数据整合处理流程如图4.3所示。

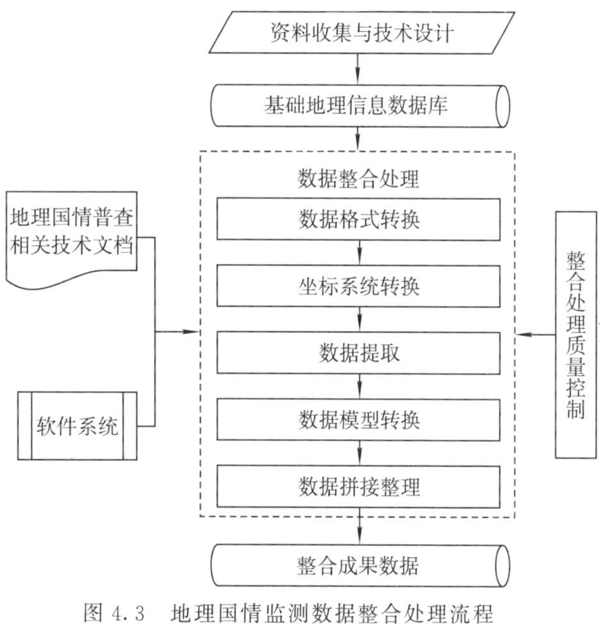

图4.3　地理国情监测数据整合处理流程

样本数据分析是其中非常重要的步骤，特别是多源互联互通的地理国情监测数据集成整合处理中，只有在充分分析多个业务部门的多专题数据的基础上才可以提出更科学的数据整合集成方案。

按照任务区完成全国基础性地理国情监测数据生产，包括影像处理、变化信息发现与提取、外业核查、内业编辑整理、入库前检查和预处理等，形成符合设计要求、质量合格的基础性地理国情监测数据成果。地理国情监测技术流程如图 4.4 所示。

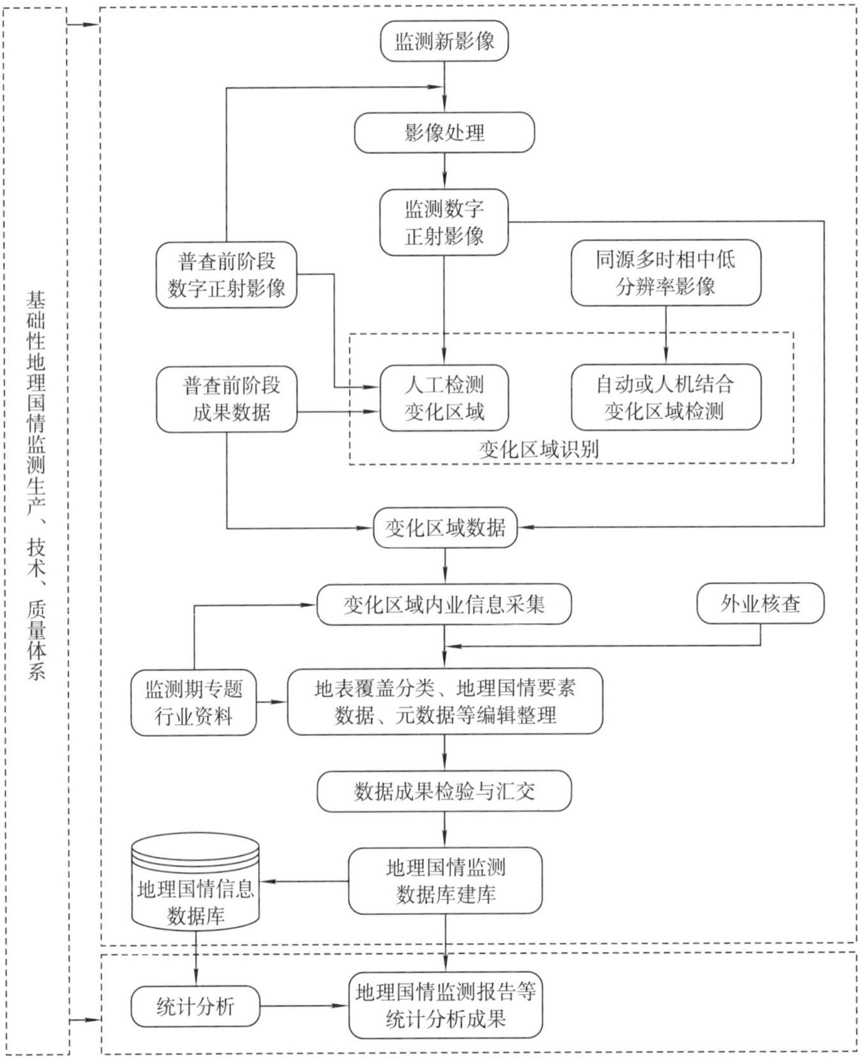

图 4.4　地理国情监测技术流程

3. 地理国情监测数据库建设

在进行地理国情监测数据库建设之前，需要明确地理国情监测数据库存放的内容。根据全国地理国情监测提交成果的要求，主要包括遥感影像成果数据、地表覆盖分类数据、重要地理国情要素数据、遥感影像解译样本数据及相关数据生产元数据等内容。

基础性地理国情监测数据成果包括本底数据集和变化信息数据集。变化信息数据集是根据监测的变化情况，以本底数据集为基础，通过增加、修改、标注要素或更新属性值，并记录相关变化信息形成的结果数据集。

1)地理国情监测数据库要素层

地理国情监测生产过程采集的矢量数据的存储方式与第一次全国地理国情普查成果数据库的结构基本保持一致,按要素数据集(feature dataset)和要素层(feature class)组织。要素层要素只采用简单点、线、面进行表达。

本底数据集的各矢量数据层名称之前加上“V_”作为前缀。其中地表覆盖分类数据存储在 V_LCRA 层中,地理国情要素数据根据要素类型存储在其他层中。地理国情要素数据层的命名采用四位字符:前三个字符是数据内容的缩写,第四个字符代表几何类型(P 代表点,L 代表线,A 代表面)。对于地理单元类型中行政区划与管理单元、社会经济区域单元的各三级类,由于相互之间存在叠盖关系,不能在同一数据层中存储,因此在四位字符数据层名称的后面,加上该类型对应的地理国情信息代码的第四位码,作为该类型对应的数据层名称。

变化信息数据集的分层组织与本底数据集一致。存储变化信息的数据层名称在本底数据层名称前加前缀 U,表示更新(update),如地表覆盖的变化数据层名称为 UV_LCRA。

这里以要素数据集 CtyDataset 和 UniDataset 存放的要素层为例进行说明。如图 4.5 和图 4.6 所示,存放在要素数据集中的各个要素层应按照地理国情监测的相关要求,录入各个要素层的属性信息。

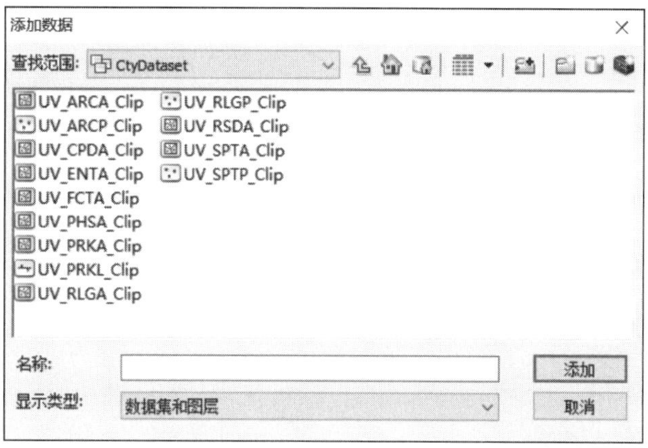

图 4.5　要素数据集 CtyDataset 所包含的要素层

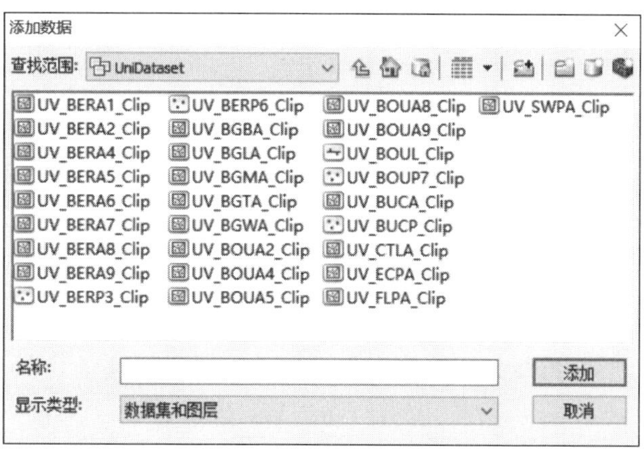

图 4.6　要素数据集 UniDataset 所包含的要素层

2)地理国情监测数据库要素数据集

地理国情监测成果共包含六个要素数据集,分别为地表覆盖数据集(LcrDataset)、交通网络数据集(TraDataset)、水域网络数据集(HydDataset)、构筑物要素数据集(StrDataset)、地理单元数据集(UniDataset)和城市地区城镇综合功能单元数据集(CtyDataset)。这里以云南省红河哈尼族彝族自治州地理国情监测分区数据(以县为单位)和不分区数据(以州为单位)为例进行说明。

不分区数据库成果共包含四个要素数据集,分别是 CtyDataset、StrDataset、TraDataset 和 UniDataset,如图 4.7 所示。

图 4.7 不分区数据库所包含的要素数据集

分区数据库成果共包含三个要素数据集,分别是 HydDataset、LcrDataset 和 TraDataset,如图 4.8 所示。

图 4.8 分区数据库所包含的要素数据集

这里要特别说明的是,虽然分区数据库和不分区数据库都包含了 TraDataset,但它们所存储的数据并不相同。

3)地理国情监测数据库

变化信息数据库文件命名方法为:数据库文件名="JC"+监测年份最后两位数字+

"_"＋任务区所在省(区、市)的行政区划代码＋". gdb"。其中,任务区所在省(区、市)的行政区划代码参照《中华人民共和国行政区划代码》给定的行政区划代码确定。例如,河北省的行政区划代码为"130000",则河北任务区 2017 年的地理国情监测变化信息数据库文件名称为 JC17_130000. gdb。

分区的变化信息数据库以县级任务区为基本单元,可以根据数据量的情况组合多个存放到数据库文件中,数据库文件命名方法为:数据库文件名＝"JC" ＋监测年份最后两位数字＋"_"＋任务区代码 ＋". gdb"。

这里以云南省红河哈尼族彝族自治州和泸西县地理国情监测成果为例进行说明。不分区数据库成果是以州(市)为单位进行存储的,为 JC18_532500. gdb;而分区数据库是以县(市、区)为单位进行存储的,为 JC18_532527. gdb,如图 4. 9 所示。其中,532500 为红河哈尼族彝族自治州行政区划代码,532527 为泸西县行政区划代码,泸西县属于红河哈尼族彝族自治州。

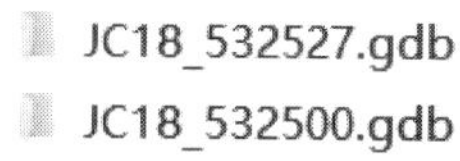

图 4. 9　数据库成果

4)地理国情监测成果检查

在地理国情监测数据库建设工作完成后,应对地理国情监测成果进行检查,主要包括对文件与结构一致性、拓扑一致性、其他逻辑一致性、空间参考正确性以及矢量数据接边情况进行全面检查,确保成果数据内容、格式及目录组织符合要求。

(1)文件与结构一致性。数据文件一致性检查,主要检查地表覆盖数据、地理国情要素数据、元数据等成果数据的目录组织与文件命名、格式是否符合规定,各数据文件是否齐全,有无多余或遗漏情况,是否能正常打开。数据集和数据层一致性检查,主要检查地表覆盖数据和地理国情要素数据、元数据等矢量成果数据包含的要素数据集和数据层是否齐全,有无多余或遗漏情况,是否符合相关技术要求。属性项一致性检查,主要检查地表覆盖数据和地理国情要素数据、元数据的属性项是否齐全,有无多余或遗漏情况,各属性项定义是否符合相关技术要求。

(2)拓扑一致性。拓扑一致性检查,主要包括层内拓扑检查、层间拓扑检查和网络拓扑检查。

(3)其他逻辑一致性。属性项值域检查,主要检查地表覆盖数据和地理国情要素数据、元数据等各数据层(表)的必填属性项的属性值是否符合相应值域要求。地理国情信息分类码与基础地理信息分类码一致性检查,主要检查地理国情要素各要素层的地理国情信息分类码与基础地理信息分类码的对应关系的正确性,是否存在非本层地理国情信息分类码。

(4)空间参考正确性。检查地表覆盖数据、地理国情要素数据、元数据等数据层的坐标参考系统设置是否符合相关技术规定要求。

(5)矢量数据接边情况。检查地表覆盖数据、地理国情要素数据等矢量数据各数据层在任务区之间以及相邻省级行政区之间图形和属性是否已正确接边。

(三)地理国情监测数据更新与维护

1. 地理国情监测数据更新

使用地理国情监测数据库时,经常会发现数据库中原有的一些数据已经过时,无法满足用户需求,这就需要对数据库进行更新。数据库更新主要以数据库中具体的数据内容发生变化为主,如图形要素的位置变化、边界变更、属性信息变更、地名变化等;或是向表中添加若干数据要素,增加属性及修改和删除表中的数据等。在更新中需要考虑数据更新和历史数据的实际问题,将每一个要素类分为三个具有相同结构的空间表在数据库中存储,具体可分为工作库、现势库和历史库。同尺度矢量数据更新流程如图 4.10 所示。

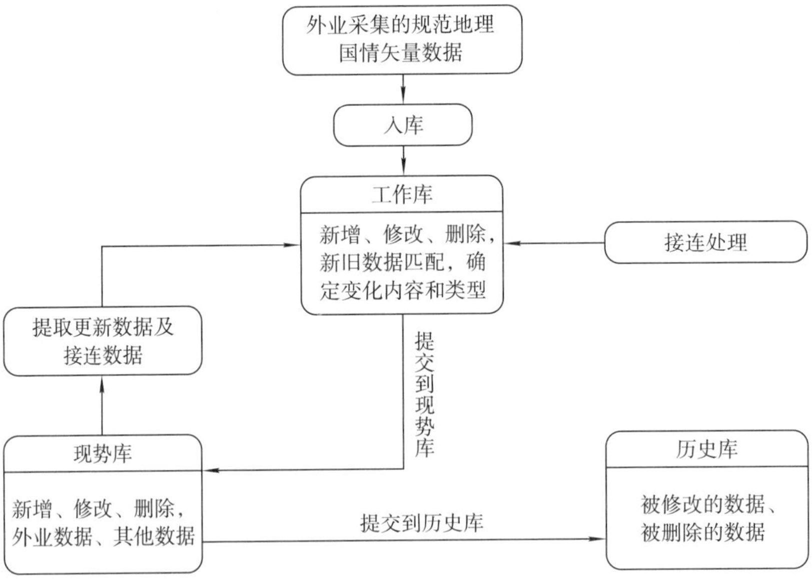

图 4.10　同尺度矢量数据更新流程

工作库主要用来存储业务流程中的临时数据，数据来源主要是从现势库提取的用于更新的数据和外业更新返回后导入的数据；现势库存储当前最新数据；历史库存储的是归档的多个版本数据，其中包括历史数据归档和回溯等。

在实际应用中，常见的地理国情监测数据更新主要有：地理要素增减、地理要素及属性数据变更、数据格式变化、坐标系统变换等。造成上述更新的原因主要有：自然变化，如河流、湖、塘、沟渠形态的变化、水土流失等；人为变化，如城市建设、道路改造、大型工程建设等。

1）地理要素增减

地理国情监测数据库中存储的数据通常由多类要素，如行政区、地形地貌、市政设施、土地利用、其他专题要素等构成。随着数据库应用的深入，经常发生地理要素增减的情况。

要素类的删除一般选择移除操作，这实际上只是将要素类从数据库中移除，并未真正删除；若后面还需要使用该要素类，可以重新将其加载进来。当然，也可以物理删除要素类，但一旦删除将不能恢复。

要素类的增加分为创建新的要素类和加载已有要素类。

2）地理要素及属性数据变更

地理要素及属性数据变更是最常见也是最基本的数据库更新操作，主要涉及地理要素及属性数据的增加、删除及变化等。常见的地理要素及属性数据的变更主要分为四种类型：单图斑内单起变更、单图斑内多起变更、多图斑内单起变更、多图斑内多起变更。

（1）单图斑内单起变更。单图斑内单起变更包括两种类型：①整图斑变更，指整个图斑的利用类型、权属性质等发生变化，但图斑边界范围不变，如某个旱地图斑由于农业结构调整完全变更为果园、某个建设用地图斑的权属性质由集体变为国有等；②部分图斑发生变更，如某个旱地图斑的一部分变更为农村居民用地，原图斑变为两个图斑，图斑的边界范围和属性均发生变化。

(2)单图斑内多起变更,指单个图斑内有多个部分发生变化。例如,A乡甲村有一块旱地,该旱地一部分由于农业结构调整变为果园用地,另一部分变更为林地。

(3)多图斑内单起变更,指涉及不同图斑合并、分割的变更类型。例如,A乡甲村经相关部门批准,新开垦了一块旱地,该旱地位于相邻的荒草地和盐碱地之间,则原有的荒草地和盐碱地图斑面积减少且边界发生了变化,而新开垦旱地图斑的面积为前两个图斑减少面积之和。

(4)多图斑内多起变更,指在多个图斑内发生合并、分割或属性变化,称为综合变更。例如,A乡甲村经相关部门批准,修建了一条公路,涉及图斑为旱地、国有林地和果园;在修建公路的同时,旱地内新建公路的北侧变为果园,果园内又修建了一条农村道路。

3)数据格式变化

地理国情监测数据库在应用过程中,经常涉及与其他地理信息平台数据或计算机辅助设计(CAD)数据之间的数据共享问题,这必然要进行数据格式的转换。由于目前还没有统一的空间数据存储标准,所以在进行数据格式转换时尽量将信息损失降到最小。

4)坐标系统变换

地理国情监测数据库在应用过程中也会遇到坐标系统变换问题。在进行相关操作时,要重点检查变换后的数据库中所有数据的坐标系统是否统一。

2. 地理国情监测数据维护

建立地理国情监测数据库是一项耗费大量人力、物力和财力的工作,各方都希望它能应用得好,生命周期长。要做到这一点,就必须不断地对它进行维护,即调整、修改和扩充。为做好地理国情监测数据库的维护工作,应做好以下几项工作:

(1)数据库使用单位应建立数据库系统更新和维护制度。

(2)应充分考虑数据库系统更新和维护的经费、人员预算和其他投入等。

(3)数据库系统运行条件尚不成熟时,可委托建库承担单位在一段时间内进行跟踪运行服务、系统维护及技术培训等工作。

1)地理国情监测数据维护的内容

(1)地理国情监测数据文件的维护。业务发生了变化,从而需要建立新文件,或者对现有文件的结构进行修改。

(2)地理国情监测数据库的转储和恢复。数据库的转储和恢复是系统正式运行后最重要的维护工作之一。数据库管理员针对不同的应用要求制定不同的转储计划,定期对数据库和日志文件进行备份,以确保一旦发生故障,能利用数据库和日志文件备份,尽快将数据库恢复到某种一致性状态,并尽可能减少对数据库的破坏。

(3)地理国情监测数据库性能的监督、分析和改进。在数据库运行过程中,监督系统运行,对监测数据进行分析,找出改进系统性能的方法。通过仔细地分析,判断系统是否处于最佳运行状态,如果不是,则需要通过调整某些参数进一步改善数据库性能。

(4)机器、设备的维护,包括机器、设备的日常维护与管理。一旦发生小故障,要有专人进行修理,保证系统的正常运行;做好计算机病毒的预防与清除工作。

2)地理国情监测数据维护的方法

(1)数据库的重组织。在不改变数据库原来逻辑模型和物理模型的前提下,改变数据的存储位置,将数据重新组织和存放。数据库在长期的运行过程中,经常需要对数据记录进行插入、修改和删除操作,这必然会降低存储效率,浪费存储空间,从而影响数据库系统的性能。所以，在数据库运行过程中，要定期对数据库中的数据重新进行组织。由于数据库重组要占用系统资源，因此重组工作不能频繁进行。

(2)数据库的重构造。局部改变数据库的逻辑模型和物理模型。一般情况下，应避免进行数据库的重构造，如果修改和扩充的内容太多，就要考虑开发新的应用系统。

(3)数据库的完整性、安全性控制。一个运行良好的数据库必须保证数据库的完整性和安全性。数据库的完整性，是指数据的正确性、有效性和一致性，主要由映像日志完成，它是一个备份程序，当发生系统或介质故障时，利用它对数据库进行恢复。数据库的安全性是指对数据的保护，主要通过以下几个方面来实现：

——建立技术文档管理制度。为保护数据，必须建立技术文档管理制度，主要包括：妥善保存技术资料及文档，建立严格的借阅手续和提取资料制度，具备发生故障时所需的替代文本和系统恢复时所需的规定文本等。

——数据加密处理。数据加密处理主要包括文件加密和数据库加密。文件加密是在文件密钥的控制下，对文件中的数据使用某种加密算法，进行加密变换后再进行密文存储，也可用软件加密来实现。文件加密的密钥是重点保护对象。数据库加密是在操作系统和数据库管理系统的支持下，对数据库的文件或记录进行加密保护。

——数据存取控制。数据存取控制是对数据存取方式和权限进行控制，以免数据被非法使用和破坏。存取权限是指数据库系统必须具有对用户的存取资格和权限进行检查的功能，只有检查合格的用户才有权进入数据库系统。在数据库应用中，应根据用户的实际需要授予不同的操作权限。实际操作过程中，可以采用用户识别、密钥识别、个人特征标识和用户权限控制等技术进行保护，以防止数据被破坏和非法复制。

——数据备份。为有效地保护数据，必须建立数据备份制度。具体操作中，可采用把数据复制到外部存储设备(如光盘、移动硬盘等)或异地备份等方法。

——数据的法律保护。为保护数据，法律明确规定：建库承担单位不得复制、丢失和涂改原始资料，不得向任何第三方复制、转让与数据库建设有关的电子数据，不得擅自使用与数据库建设有关的电子数据；建库承担单位在数据采集及建库完毕后，应在规定时间内将原始资料归档并提交给上级主管部门。

三、学习考核

(一)思考题

1. 地理国情监测数据库建库的基本要求有哪些？

2. 地理国情监测数据库建库各个要素数据集存放的要素层有哪些？

(二)练习题

1. 请根据地理监测数据库建库要求，新建本底数据库要素层和变化信息数据集要素层，并按照要求分别存放到不同的要素数据集中。

2. 请大家对地理国情监测分区数据库和不分区数据库完成文件结构一致性、拓扑一致性等数据检查工作。

(三)测试题

根据地理国情监测数据库建库相关要求，任选一个县(市、区)完成地理国情监测数据库建库工作，并对建库成果进行检查。

任务五　地理国情空间分析

［单元概述］

空间分析是基于地理对象位置和形态特征的数据分析技术，其目的在于提取和传输空间信息。本任务重点介绍了地理国情监测数据空间分布特点，并进一步介绍了基于地理国情监测数据如何进行相关的空间分析工作。

一、任务要求

1. 了解地理国情空间分布分析的基本方法。
2. 理解地理国情专题数据统计分析方法。
3. 掌握地理国情空间分析的基本方法。

二、学习内容

(一)地理国情基本空间分析方法

空间分析是基于地理对象位置和形态特征的数据分析技术，其目的在于提取和传输空间信息。空间信息具体可分为空间位置、空间分布、空间形态、空间距离、空间方位、空间关系、空间质量、空间关联、空间对比、空间趋势、空间运动等内容。空间位置是借助空间坐标系传递的空间物体的个体定位信息；空间分布反映了同类空间事物的群体定位信息；空间形态是空间物体的几何特征，一些特征易于被视觉感受，如走向、连通性等，另一些特征则必须用数值来描述，如面积、周长、坡度等；空间距离反映的是空间物体之间几何上的接近程度；空间方位是用方位描述两个物体之间的位置关系。

空间分析功能是通过空间分析技术的集成实现的。根据地理信息系统处理对象，空间分析的功能可分为以下几方面：

(1)基于图的分析，主要有缓冲区分析、叠加分析、网络分析、复合分析、邻近分析及空间联系，这些方法以图形操作为主，在现有的地理信息系统软件中已比较成熟。

(2)基于数据的分析，其理论基础是空间统计学。

(3)基于事件机理的分析，有些事件有其相应的机理模型，由环境信息提供初始边界条件，这样可直接利用前面总结的成果来描述事件。在此基础上，根据需要再进行分析。

空间分析的目的是提取空间信息。空间分析是在空间数据的基础上进行的，很多内容是针对空间变量的。一个空间变量是定义于一个空间物体上的，完全可以根据变量的变化情况将物体分解。分解的原则是物体每部分的变量不变，或者可看作不变的，这时空间物体被分解成若干空间物体，而空间变量则转化成空间物体的属性。空间分析技术的应用非常广泛，具体的应用领域包括城市规划与管理、厂址选择、水污染监测、洪水灾害分析、道路交通管理、地形地貌分析、电网管理、医疗卫生和军事等。

1. 缓冲区分析

缓冲区是根据点、线、面地理实体，建立其周围一定宽度范围内的扩展距离图，缓冲区的作用是限定所需处理的专题数据的空间范围。一般认为，缓冲区以内的信息均是与构成缓冲区的核心实体相关的，即有邻接或关联关系，而缓冲区以外的数据与分析无关。

缓冲区生成步骤包括：明确目的和标准、准备数据、空间操作、统计分析和输出结果。

缓冲区分析是在已有的实体对象周围形成一定范围的多边形，即任何实体对象的缓冲区都是多边形，且这些多边形构成了一个新的数据层。矢量数据的缓冲区分析又根据矢量数据结构中的数据描述，分为点缓冲、线缓冲和面缓冲三种缓冲方式，其分别是对矢量数据结构中的点、线、面要素，根据给定的缓冲区半径，生成相应的数据层。在栅格数据中可以将缓冲区看作对网格单元向其周围八个方向进行一定距离的扩展。种子扩展算法是一种典型的建立栅格数据缓冲区的方法。

在地理国情监测中，缓冲区分析可以用来分析自然生态保护区的划界、高速公路服务区的选址、事故警戒区的设立等，可为分析、模拟地理要素的吸引范围及为地理国情监测中的区域规划等提供科学依据。

2. 叠加分析

叠加分析是在统一的空间参考系统下，通过对两个或两个以上不同数据层进行数学运算，产生数据层的过程。叠加分析的目标是分析在空间位置上有一定关联的空间对象的空间特征和专题属性之间的相互关系。多层数据的叠加分析，不仅产生了新的空间对象的空间特征和专题属性之间的相互关系，而且能够挖掘多层数据间的相互差异、联系和变换等特征。

根据地理信息系统数据结构的不同，将叠加分析分为基于矢量数据的叠加分析和基于栅格数据的叠加分析。

在矢量数据结构中，地理对象由点、线、面要素来表示，所以基于矢量数据的叠加分析又可以分为点与多边形的叠加分析、线与多边形的叠加分析和多边形间的叠加分析三大类。

点与多边形的叠加分析，就是研究某一矢量数据层中的点要素位于另外一个矢量数据层中的哪个多边形内，这样就可以根据点与多边形的空间关系，确定给点要素添加哪些属性特征。线与多边形的叠加分析，就是研究矢量数据层中的线要素与其他数据层中的多边形要素之间的关系，进而判定线要素与多边形要素的相离、相交、包含等空间关系。多边形间的叠加分析，就是研究两个或多个多边形矢量数据层的叠加关系，其关系反映在叠加操作生成的新多边形数据层中。

基于栅格数据的叠加分析可以表达为地图代数的运算过程。所谓地图代数运算，就是指在地理信息系统中将数据层作为方程变量的函数运算，通常情况下都是指栅格数据层运算。栅格数据中，地理实体都是通过规则网格单元来表示的，层与层之间的叠加操作是通过逐个网格单元之间的运算来实现的。在基于栅格数据的叠加分析中，地图代数运算又分为代数运算与逻辑运算。

基于栅格数据的叠加分析与多边形间的叠加分析一样，是求两组或两组以上空间图形的交集，但是多边形间的叠加分析得到的是合成多边形，而基于栅格数据的叠加分析得到的是合成数据像素，这些合成的数据文件是进一步进行空间聚类或聚合的依据。

在地理国情监测中，可以通过对植被图、土壤类型图、行政区划图进行叠加分析，得到新的合成图。

3. 网络分析

网络分析是依据网络拓扑关系，通过考察网络元素的空间及属性数据关系，对网络的性能特征进行多方面的分析计算。网络分析的用途主要有两方面：一是路径分析，路径分析就是选择最佳路径，指确定 a 点到 b 点的最短距离或最低耗费路线；二是最佳中心点的选择，最佳中心点是指某一网络区域中任意一点到该中心的路径最短或耗费最小，如邮局的位置选择要求从邮局出发到其所处范围内的主要投递点的路径最短。

网络分析是空间分析的重要组成部分。网络是一个由点、线的二元关系构成的系统，通常用来描述某种资源或物质在空间上的运动。地理信息系统中的网络分析是依据网络的拓扑关系，通过考察网络元素的空间及属性数据，以数学理论模型为基础，对网络的性能特征进行多方面的分析计算。

网络分析的基础是图论和运筹学，网络是物质、能量和信息流的通道。地理信息系统中网络分析的主要内容包括路径分析、资源配置和地址编码等，主要目的就是对交通网络、网线、电力线、电话线、供排水管线等进行地理分析和模型化。

在地理国情监测领域，许多自然、人工线状地物之间构成了网络，如河流网、道路网、电网等。在这些网络上通过网络分析进行路径规划、资源选择、运输路线规划分配、故障诊断。例如在交通网络中，可以先进行交通网络的基本信息分析，再进行空间分布特征分析，最后分析网络通达性，包括最短路径分析和最佳中心点的选择等。

（二）地理国情空间分布分析

地理国情监测除了监测对象的几何形态、物理属性外，还要研究其在空间上的组合、排列、彼此间的相互关系等的特征，即空间分布特征。地理国情空间分布分析主要是分析监测对象的空间分布，具体的计算指标有空间分布的密度与中心分析等。按对象类型可分为点模式空间分析、面格局空间分析两个方面。

1. 地理国情点模式空间分析

点要素是地理国情要素的重要类型，如气象站、港口等。点模式是研究区内一系列点的组合，研究区可以为简单矩形，也可以为复杂的多边形。研究区的点要素具有多种分布模式，主要包括均匀分布、随机分布和聚集分布三种基本类型。地理国情点模式空间分析主要包括空间分布探索性分析、空间分布格局检验分析等。

1)空间分布探索性分析

空间分布探索性分析包括空间分布密度分析、空间分布中心分析等。用分布密度描述点、线、面目标的空间分布是最简单、最常用的点模式空间分布描述方法。其研究的是单位分布区域内分布对象的数量，即两个尺度数据的比值，其中分子是密度对象的数量，分母是分布区域的面积或长度。一般来说，分子部分的计算包括：①空间分布对象发生的频数；②空间分布对象的几何度量，对点要素以频数计算，对线和面要素以长度和面积计算；③空间分布对象的某种属性计算。

地理国情监测中，可通过空间分布密度分析了解点状空间对象的分布密集程度。例如，可以对全国机场、港口、码头、火车站、桥梁、收费站等交通设施进行空间分布密度分析；可以通过考察城市内不同区域商业网点的分布密度，分析该城市的商业中心所在的区域。通过对同一区域不同时期的点状空间对象分布密度进行对比，可以掌握空间对象的分布变化和不同的分布机制。例如，在某一研究中发现随着城市经济的不断繁荣，城市人口密度或房屋密度逐渐增大，而树木的密度受树木老化、人为破坏及光照程度降低的影响而逐渐减少。显然，区域内人口密度分析和经济因素密度分析，为城市规划和政府决策提供了依据。

分布中心是地理事物空间分布特征研究的重要参数，它可以表示点状空间对象的总体分布特征及中心位置、聚集程度等信息。在地理国情监测领域，分析区域经济特征时，分布中心对城镇、工业、商业的位置分析结果具有重要影响，它在某种意义上代表了点状空间对象的空间位置。空间分布中心可以是几何中心、加权平均中心、极值中心等。

2)空间分布格局检验分析

点模式主要研究空间点分布的聚集性和分散性问题，因此形成了两类点模式空间分析方法。

(1)以聚集性为基础的基于密度的方法。该类方法用点密度和频率分布特征表达点分布的空间模式，如样方分析法和核密度估计法。

(2)以分散性为基础的基于距离的分析法。通过测量最近邻点的距离分析点的空间分布模式，如最近邻距离、G 函数、F 函数、k 函数等方法。

样方分析(quadrat analysis，QA)法是研究空间分布模式最常用的方式，其基本思想是将研究区域划分为面积相同的单元，统计分析单元内部点的分布密度的变化，通常使用随机分布模式作为理论上的标准分布，将通过样方分析法计算的点密度与随机分布进行比较，判断点模式属于均匀分布、聚集分布或随机分布。

使用样方分析法对点模式进行分析时，采样的方式以及样方的形状、起点、方向和大小等都会影响对模式的判断，这是因为这些因素会影响点的观测频次和分布。为保证所做的统计分析有意义，可使用大量的随机样方估计，以获得研究区域中点密度的正确估计。当使用样方技术分析点模式时，样方尺寸的选择对分析结果会产生很大的影响。根据 Gerg Smith 于 1962 年的试验，以及 Tylor 和 Griffith、Amrhein 分别于 1977 年和 1991 年的研究，最优的样方尺寸是根据区域的面积和分布于其中的点的数量确定的，计算公式为

$$Q=\frac{2A}{n}$$

式中，Q 为样方尺寸(面积)，A 为研究区域的面积，n 为研究区域中点的数量。最优样方的边长取其平方根。

当样方尺寸确定后，利用这一尺寸建立样方网格覆盖研究区域或者采用随机覆盖的方法，统计落入每个样方中的点的数量，建立频率分布，根据得到的频率分布与已知的点模式频率分布的比较，判断点分布的空间模式。

对于样方分析法中点模式的显著性检验，在实际情况中，点模式到底属于何种模式还需要定量计算频率分布的差异才能得到结论。常用的检验方法包括 K-S 检验和 χ^2 检验。

K-S 检验的基本原理是通过比较观测频率分布和标准频率分布，确定观测频率分布模式的显著性。先假设两个频率分布十分相似。统计学的思想是：如果两个频率分布的差异非常小，那么这种差异的出现存在偶然性；而如果差异大，发生的可能性就小。检验的基本过程如下：

第一步，假设两个频率分布之间不存在显著性的差异。

第二步，给定一个显著性水平 a，如 100 次试验中只有 5 次出现的机会，则 a 为 0.05。

第三步，计算两个频率分布的累积频率分布。

第四步，计算 K-S 检验的统计量，即

$$D=\max\left|Q_i-E_i\right|$$

式中，D 表示 K-S 检验值；Q_i 和 E_i 分别为两个分布的第 i 个等级上的累积频率；$\max|\cdot|$ 是各个等级上累积频率的最大差异，其含义是不关心两个频率分布序列在各个级别上累积频率的最大差异，不关心两个频率分布序列在各个级别上累积频率孰大孰小，而只关心它们之间的差异。

第五步，计算作为比较基础的阈值（D_a），即

$$D_a = 0.05 = \frac{1.36}{\sqrt{m}}$$

式中，D_a 表示比较基础的阈值，m 为样方数量（或观测数量）。

对于两个样本模式比较的情况，有

$$D_a = 0.05 = 1.36\sqrt{\frac{m_1 + m_2}{m_1 m_2}}$$

式中，m_1、m_2 分别为两个样方模式的样方数量。

第六步，如果计算得出的 D 值大于 $D_a(0.05)$，可得出两个分布的差异在统计意义上是显著的。

在排除了均匀分布模式的基础上，还需要进一步分析模式是否来自随机过程产生的点模式。

核密度估计（kernel density estimation，KDE）法由 Rosenblatt（1955）和 Emanuel Parzen（1962）提出，Ruppert 和 Cline 基于数据集密度函数聚类算法提出修订的核密度估计法，根据给定样本中地理事件在空间位置上发生的概率求解随机变量分布密度函数，用点的密集程度表示区域事件发生的概率，点越密集的区域事件发生的概率越高。因此可以使用事件的空间密度分析和表示空间点模式。与样方计数法相比较，核密度估计法更加适合用可视化方法表示分布模式。

最近邻距离法（也称最近邻指数法）一般用在分类中，如果一个样本在特征空间中的 k 个最相似（即特征空间中最近邻）样本中的大多数属于某一个类别，则该样本也属于这个类别。在地理国情点模式空间分析中，通过对研究区域内任意一点的最近邻距离及其均值进行计算，取最近邻距离的均值作为评价分布模式的指标，比较观测模式和随机分布模式。若观测模式的最近邻距离大于随机分布模式的最近邻距离，则观测模式趋向于均匀分布；若观测模式的最近邻距离小于随机分布模式的最近邻距离，则观测模式趋向于聚集分布。该方法简单易行，可以用于判断地理国情监测中点数据的分布模式。

在地理国情点对象的空间分布模式分析中，仅采用最近邻距离法是不够的，如传染病的蔓延分析。最近邻距离法只给出了传染病患者的分布是聚集分布还是随机分布，忽略了最近邻距离的分布信息在揭示模式特征中的作用。G 函数和 F 函数就是用最近邻距离的分布特征揭示空间点模式的方法。这两个函数是一阶近邻分析方法，是关于最近邻距离分布的函数。

G 函数记为$G(d)$。$G(d)$ 使用所有的最近邻事件的距离构造一个最近邻距离的累积频率函数，即

$$G(d) = \frac{\#(d_{\min}(S_i) \leqslant d)}{n}$$

式中，S_i 为研究区域中的一个事件，n 为事件的数量，d 为距离，$\#(d_{\min}(S_i) \leqslant d)$ 表示距离小于 d 的最近邻点的计数。

随着距离增大，$G(d)$ 也相应增大，因此 $G(d)$ 为累积分布。随着距离增大，$G(d)$ 也相应增大，最近邻距离点累积个数也会增加，$G(d)$ 也随着增加，直到 d 等于最大的最近邻距离，这时最近邻距离点个数最多，$G(d)$ 的值为 1。因此，$G(d)$ 是取值在 0 和 1 之间的函数。

F 函数也是一种使用最近邻距离的累积频率分布描述空间点模式的一阶近邻分析方法，F 函数记作为 $F(d)$。F 函数先在研究区域中产生一个新的随机点集 $P(P_1, P_2, \cdots, P_n)$，其中 P_i 是第 i 个随机点的位置，然后计算随机点到事件点 S 之间的最近邻距离（这实际上表达了随机点和事件之间的分散程度），最后沿用 G 函数的思想，计算不同最近邻距离上的累积点数和累积频率。具体的计算公式为

$$F(d) = \frac{\#(d_{\min}(P_i, S) \leqslant d)}{m}$$

在地理国情监测中，居民点、机场、港口、气象站等都表现为点，这些地理对象的空间分布模式对于城市规划、服务设施布局、商业选址等具有重要的作用。近年来，基于地理信息系统或地图环境的交互点模式分析工具不断出现，可作为方法库被统计分析程序调用，可作为地理信息系统软件包的宏模块，还可作为空间分析软件包的函数。在地理信息系统环境中借助于这些分析技术，不仅能够进行点模式观察，还能够通过计算产生新的模式及视图，从而揭示地理国情监测数据包含的结构、建立假设、检验观测事件相关的空间过程等。

2. 地理国情面格局空间分析

1）空间自相关分析

空间自相关是一种空间统计方法，是指对象属性值在空间上的相关性，也可认为是对象或要素的地理次序或地理位置造成的属性值的相关性。许多地理现象在空间上具有自相关性是因为在地域分布上具有连续性的过程，其主要包括空间相互作用与空间扩散过程。在地理国情监测中，可以利用空间自相关分析植被覆盖、水域等自然和人文要素的空间分布，评估地形对自然要素的影响，反映自然地理环境的整体性和差异性。

可通过空间自相关指标检验变量空间分布的自相关强度。常用的指标有 Moran 指数、Geary 指数、Getis 指数等，可以分为全局指标与局部指标两种，全局指标用于描述某种地理现象的整体空间分布模式（聚集或分散），而后者则可以有效地监测由空间相关性引起的空间差异，确切地指出聚集或分散在哪些位置。

Moran 指数 I 是最常用的全局指数，用来探测整个研究区域的空间分布特征。Moran 指数 I 的计算公式为

$$I = \frac{n}{\sum_{i=1}^{n}\sum_{j=1}^{n} W_{ij}} \times \frac{\sum_{i=1}^{n}\sum_{j=1}^{n} W_{ij}(X_i - \overline{X})(X_j - \overline{X})}{\sum_{i=1}^{n}(X_i - \overline{X})^2}$$

式中，n 为研究对象的个数，X_i、X_j 分别为研究区域 i 和 j 的属性值，$\overline{X}$ 为样本中所有属性值的均值，W_{ij} 是衡量空间事物之间关系的权重矩阵。I 的取值在 -1 和 1 之间，正值表示对象的属性值在空间上正相关，负值表示负相关，零值表示空间随机分布。I 值的统计学意义通过显著性检验 Z 值来检验。

Getis 指数 G 是常用的局部指标，Moran 指数 I 只能判断相邻空间中属性的相关性，无法判断是高值还是低值引起的相关性。Getis 指数 G 是根据一定距离值划分，对每个区域的取

值进行分析，得出每个区域在整个研究空间上的分布状态，根据每点的取值判断空间上的热点或冷点，其具体表达形式为

$$G=\frac{\sum_{j=1}^{n}W_{ij}(d)\cdot X_j}{\sum_{j=1}^{n}X_j}$$

式中，X_j 为研究区域 j 的属性值，$W_{ij}(d)$ 为在给定距离阈值 d 下 i、$j(j\neq i)$ 空间关系的权重。若区域 j 距离 i 小于 d，则 $W_{ij}=1$；否则 $W_{ij}=0$。G 值的统计学意义也可以通过一个标准正态化的 Z 值进行检验。

因此，较大 G 统计量表明该区域以高聚集为主，即热点区域；而较小的 G 统计量则表明该区域以低聚集为主，即冷点区域。它不仅具有描述空间自相关的统计特性，还能对该区域的聚集群为高值还是低值进行探测。

空间自相关是研究空间模式时间变化的有力工具，能提供理解从过去到现在和从现在到未来变化的知识，且能够通过空间模式时间变化的研究揭示导致空间模式时间变化的驱动因子。

2)景观格局分析

在地理国情监测中综合分析植被覆盖特征时，通常以植被覆盖数据为基础数据源，按照地貌类型统计各植被覆盖类型的面积及比例，分析各植被覆盖和地貌类型的关系，采用破碎度、分维数、均匀度等指标进行景观格局分析，生成景观格局指数；同时可以结合社会经济数据（如人口密度、地均 GDP[1] 等），形成社会经济指标；并以此为基础，构建二维指标体系模型进行植被覆盖分区，统筹区域土地利用并指导土地合理规划及社会生产。

景观格局一般指空间格局，表示大小、形状、属性各异的景观要素在空间上的排列、分布与组合规律，包括景观组成单元的类型、数目及空间分布与配置。不同类型的景观斑块可在空间上呈现均匀型分布格局、团聚式分布格局、线状分布格局、平行分布格局，以及特定组合或空间连接分布。景观格局体现了景观异质性，同时又是包括物理、生物和社会在内的各种生态过程在不同尺度上作用的结果。

景观格局分析方法是研究景观空间分布的组成特征和空间配置关系的分析方法。一般采用指数法，数据分析时需要获取各景观要素的栅格数据，通过计算各指数分析景观格局的特点。景观格局指数是能够高度浓缩景观格局信息，反映其结构组成和空间配置特征的定量指标，主要包括斑块指数、斑块类型水平指数、景观水平指数等。

(1)景观要素斑块特征分析。景观要素斑块特征包括斑块平均面积、景观类型面积百分比、景观斑块密度等。

——斑块平均面积指景观中某类景观要素斑块面积的算术平均值，计算公式为

$$\overline{A}_i=\frac{1}{n_i}\sum_{j=1}^{n_i}a_{ij}$$

式中，$\overline{A}_i$ 为第 i 类景观要素的斑块平均面积，n_i 表示第 i 类景观要素的斑块总数，a_{ij} 表示第 i 类景观要素第 j 个斑块的面积。

——景观类型面积百分比反映了各斑块在景观中所占的比例，体现了各景观类型在该高

[1] 地区生产总值。

程带的密度，即

$$L_i = \frac{\sum_{j=i}^{n} a_{ij}}{A_i}$$

式中，L_i 为景观i 在某高程带的面积百分比，a_{ij} 为景观i 在某高程带的面积，A_i 为某高程带的景观总面积。

——景观斑块密度指景观中某类景观要素的单位面积斑块数，反映土地利用景观斑块空间分布的均匀程度，计算公式为

$$D = \frac{N}{A}$$

式中，D 为景观斑块密度，N 为某类景观斑块数，A 为景观要素总面积。景观斑块密度的生态意义是其反映了景观的破碎程度。

(2)景观要素斑块形状。描述景观要素斑块形状的特征包括面积加权平均形状指数、分维数、类型优势度等。

——面积加权平均形状指数指基于斑块周长与面积比描述斑块类型复杂程度的指标，用 P_{WMSI} 表示，计算公式为

$$P_{\mathrm{WMSI}} = \sum_{j=1}^{n} \frac{0.25 p_{ij}}{\sqrt{a_{ij}}} \cdot \frac{a_{ij}}{\sum_{j=1}^{n} a_{ij}}$$

式中，p_{ij} 为斑块 ij 的周长，a_{ij} 为斑块 ij 的面积，n 为斑块数。可利用该指数度量景观空间格局的复杂性，该指数反映了人类活动对地理国情景观要素的面积、分布的影响。

——分维数指不规则几何形状的非整数维数，其计算方法是非欧几里得几何不规则图形的周长（P）与其面积（A）之间的关系，计算公式为

$$P = \frac{1}{f} \propto A^{\frac{1}{2}}$$

图形的面积、周长与分维数之间存在如下关系，即

$$\ln P = C + \frac{f}{2} \ln A$$

$$f = 2\ln \frac{P}{4} \cdot \ln A$$

式中，f 为分维数；P 为斑块的周长；A 为斑块的面积；C 为常数，对于栅格景观而言，$C = \ln 4$。景观生态学中分维数值的理论范围为 1.0～2.0。分维数值越趋近于 1.0，表明斑块形状越趋近于简单，斑块的自相似性越强，斑块形状越有规律，表明受干扰程度也越大；分维数值越大，表明斑块形状越复杂，2.0 表示同等面积下形状最复杂的斑块。该指数反映景观格局的整体特征，反映人类活动对景观格局的影响。

——类型优势度用于测度某种景观类型对整体景观的控制作用。类型优势越高，表明该景观类型对研究区域景观的控制程度越高，用 D_i 表示，计算公式为

$$D_i = \frac{1}{2} P_i + \frac{1}{2} C_i$$

式中，P_i 为第 i 类景观斑块数占研究区域景观斑块总数的比例；C_i 为第 i 类景观面积占研究

区域景观总面积的比例。可以利用该指数表达某种景观类型在整个景观格局中的作用和地位。

(3)景观异质性指数。景观异质性指数包括边缘密度、景观多样性指数、景观均匀度指数、景观优势度指数、景观类型破碎度指数、分离度指数等。

——边缘密度(edge density,ED)分为景观边缘密度和景观要素边缘密度。景观边缘密度(D)是指研究区域中单位面积上异质景观要素斑块间的边缘长度,景观要素边缘密度(D_i)是指研究对象单位面积上某类景观要素斑块与其相邻异质斑块之间的边缘长度。计算公式为

$$D=\frac{1}{A}\sum_{i=0}^{m}\sum_{j=0}^{n}P_{ij}$$

$$D_i=\frac{1}{A}\sum_{j=0}^{m}P_{ij}$$

式中,P_{ij}($j\neq i$)为景观中第 i 类景观要素图斑与相邻第 j 类景观要素图斑的边界长度,A 为景观总面积。边缘密度的生态意义是解释景观或类型被边界分割的程度,反映景观的破碎程度。

——景观多样性指数(Shannon's diversity index,SHDI)指景观要素或生态系统在结构、功能以及随时间变化方面的多样性,反映了不同景观类型的丰富程度和复杂程度,计算公式为

$$I=-\sum_{i=1}^{m}p_i\log_2 p_i$$

式中,I 为景观多样性指数,p_i 为第 i 类图斑在景观中出现的概率,m 为景观中图斑类型总数。景观多样性指数取决于景观中图斑类型的数量以及各图斑类型在面积上分布的均匀程度。在一个景观系统中,景观类型越丰富,破碎化程度越高,其信息含量和信息的不确定性越大。

该指标反映了景观中各图斑类型均衡分布的变化状况,强调稀有图斑类型的贡献,可以反映景观的异质性。在某个研究区域中,土地利用类型越丰富,破碎化程度越高,其不确定性信息含量就越大,计算出的 SHDI 值也就越高。

——景观均匀度指数(Shannon's evenness index,SHEI)指各图斑类型在面积上分布的均匀程度,计算公式为

$$I=\frac{H}{H_{\max}}$$

$$H_{\max}=\log_2 m$$

式中,I 为景观均匀度指数,H 为 Shannon-Weaver 多样性指数,m 为景观中图斑类型总数。

景观均匀度指数与景观优势度指数可以相互转换(景观均匀度指数=1－景观优势度指数)。景观均匀度指数值较小时,景观优势度指数值较高,反映了景观受到一种或少数几种优势图斑类型影响。当景观均匀度指数值趋于 1 时,景观图斑类型分布的均匀程度也趋于最大,说明景观中没有明显的优势图斑类型,且各图斑类型在景观中均匀分布。可以利用该指数对各景观要素的分布状况进行解释。

——景观优势度指数(dominance index,DI)用于测量景观空间格局构成中景观类型占支配地位的程度,是景观多样性指数的最大值与实际计算值之差,其计算公式为

$$I=H_{\max}+\sum_{i=1}^{m}p_i\log_2 p_i$$

式中，I 为景观优势度指数，H_{max} 为景观多样性指数的最大值，p_i 为第 i 类图斑在景观中出现的概率，m 为景观中图斑类型总数。I 值越大，景观优势度指数值越高，表明景观空间格局只受一种或少数几种景观类型控制；I 值越小，景观优势度指数值越低，表明景观类型所占比例大致相等，没有一种景观占据优势。

——景观类型破碎度指数(landscape type fragmentation index，LTFI)表征景观被分割的破碎程度，反映景观空间结构的复杂性。该指数反映了人类活动对景观结构的干扰程度。

在地理国情监测中，某地域的景观类型破碎度指数的变化，反映了该地域的开发情况，以及人类活动对该地域的影响。景观破碎化是生物多样性丧失的重要原因之一，如在南水北调的水源生态保护中，可以通过对调水前后该区域景观类型破碎度指数的计算，分析其生物多样性的变化。具体公式为

$$I=\frac{N_i}{A_i}$$

式中，I 为景观类型 i 的破碎度指数，N_i 为景观类型 i 的图斑数，A_i 为景观类型 i 的总面积，$i=1,2,3,4,\cdots,m$。

——分离度指数(separate index，SI)指某一景观类型中不同图斑数个体分布的离散程度，其计算公式为

$$V_i=\frac{D_{ij}}{A_{ij}}$$

式中，V_i 为景观类型 i 的分离度指数，D_{ij} 为景观类型 i 的距离指数，A_{ij} 为景观类型 i 的面积指数。该指数反映了同一景观类型的不同图斑个体在区域中的分布情况。该指标越大，表示该景观类型的图斑分布越分散，不同景观类型之间的演替就越频繁。

(三)地理国情专题数据统计分析

地理国情专题数据统计分析是根据多种统计单元，对地理国情数据进行统计、分析、模拟、预测、挖掘等处理，采用定量与定性分析相结合的方式，综合反映各种信息的空间分布特征、地域差异、空间结构、空间关系、变化量、变化频率及变化趋势，客观准确地揭示其空间分布规律和发展演化趋势，形成客观、标准、丰富的地理国情数据统计分析成果。

1. 主体功能区规划实施监测信息统计分析

主体功能区包括优化开发区、重点开发区、限制开发区和禁止开发区。优化开发区是指优化进行工业化、城镇化开发的城市化地区；重点开发区是指重点进行工业化、城镇化开发的城市化地区；限制开发区是指限制进行大规模高强度工业化、城镇化的农产品主产区和重点生态功能区；禁止开发区是指禁止进行工业化、城镇化开发的重点生态功能区。

主体功能区规划实施监测信息统计分析的主要内容包括：

(1)通过空间相关性分析、影响因子相关性分析等，分析各类优化开发区和重点开发区不同等级的城市发展、不同类型和不同级别交通网络的发展情况与趋势，对其发展速度、发展能力以及发展限制等进行综合评价。

(2)分析农产品主产区农产品供给能力、重点生态功能区生态产品供给能力与限制开发区、基本农田、水域与湿地、植被覆盖等面积的关系，分析各类型面积变化所造成的影响。

(3)分析在禁止开发区进行植被覆盖、水域与湿地、冰川与永久积雪、生产物种、自然遗迹和文化遗产等保护所造成的影响。

（4）分析主体功能区的人口聚集程度、经济发展水平、开发强度、城市化水平、自然灾害危险性。

（5）分析主体功能区内的生产力布局，开展主体功能区规划评估、政策实施评估。

2. 城市发展变化监测信息统计分析

城市发展变化监测信息统计分析主要是基于不同时期的城市监测数据和相关的人口、经济等专题数据，利用不同的空间分析模型、时间序列演变分析模型、面板数据时空演变及预测模型等，分析城市群空间分布特征，揭示城市群空间分布与地形地貌、水系等自然要素及交通要素的关系，分析城市群的发展变化特征，以及各城市内部空间布局与发展特征，预测全国的城市群发展变化趋势。

3. 农业大宗产品优势产区监测信息统计分析

农业大宗产品优势产区监测是地理国情专题监测的重要方面，其统计分析主要包括以下内容：

（1）统计主要农业大宗产品优势产区的空间属性特征，如我国棉花、玉米、小麦、水稻、大豆、甘蔗等主要作物的分布及其变化信息。

（2）在此基础上，综合运用一元（多元）回归、单（多）指标综合评价、多项式拟合、空间自相关（回归）等多种空间统计模型。

（3）分析主要农业大宗产品种植面积对市场的影响，根据农作物长势监测数据，对农作物种植面积进行评估，分析面积变化对农作物市场价格波动的影响。

（4）根据植被覆盖度、森林覆盖度等统计指标，分析主要农业大宗产品优势产区植被退化情况，分析其变化趋势及对生态环境的影响。

4. 地理国情灾害监测信息统计分析

地表形变监测是目前地理国情灾害监测的主要内容。引起地表形变的原因有很多，包括地壳运动、过度抽取地下水、开采矿产或天然气等。局部地区地表在短时期内发生较大变化，对房屋、道路、地下管线、桥梁和水坝等会造成严重的破坏。通过地表形变监测能够定量地了解地表形变的实时情况。

在对地表形变信息进行统计分析时，通过计算监测间隔时间、累计监测时间、地表沉降值、累计沉降值、单日沉降速度、平均沉降速度等，并绘制相应的关系曲线、人工神经网络及小波等，对地表形变进行预测分析。

在对自然灾害（如洪涝、地震、滑坡、泥石流、台风、干旱等）动态监测信息进行统计分析时，需要综合气候、地貌、高程、土地利用，以及人口、经济等监测信息，建立自然灾害动态空间分布模型，模拟各类自然灾害的动态空间变化，提取各类自然灾害的发生条件和损失情况，建立自然灾害发生和损失影响模型，挖掘不同地域、不同地理条件下发生灾害与影响的规律，建立不同类型灾害扩展和评估模型，实现灾害的空间扩展模拟与人口、经济等损失的快速评估。

三、学习考核

（一）思考题

1. 常用的地理国情空间分布分析的基本方法包括哪些？
2. 探索性数据分析和探索性空间数据分析在技术方法上有哪些区别？
3. 空间数据分析包括哪三个要素？空间数据分析的目的是什么？

(二)练习题

通过网络共享数据平台(如地理国情监测云平台)和ArcGIS软件进行空间分布格局检验分析。

(三)测试题

利用上述练习题中所获得的数据,通过景观格局指数计算软件Fragstats,计算各景观格局指数,并进行分析解读。

任务六　地理国情变化检测的不确定性与质量检查

［单元概述］

本任务介绍了地理国情变化检测的流程及常用方法，在此基础上从生产的角度，详细介绍了地理国情普查成果验收质量检查的内容和方法。

一、任务要求

1. 掌握地理国情变化检测的流程。
2. 了解地理国情变化检测的常用方法。
3. 了解不确定性的影响因子以及处理方法。
4. 了解地理国情监测的可靠性理论。
5. 了解地理国情普查成果验收质量检查的内容和方法。

二、学习内容

（一）地理国情普查成果验收质量检查

地理国情监测已成为常态化工作，为保证现势性，需每年进行一次更新，其成果已成为多种行业统计、分析、规划的数据基础。由于地理国情监测数据关系复杂、内容要素种类多样，所以要在作业过程中和结束时对数据进行全面的质量检查与验收，保证数据能够真实、准确地反映地理要素信息，做到及早发现问题及早处理，满足质量要求。地理国情普查是获取地理国情信息的重要手段，在对其进行管理时，必须结合普查特点对存在的问题进行分析，采取有效的措施将各项规范要求落实到位，提高普查数据的完整性、可靠性及真实性，在整体上不断提高地理国情普查的效果。地理国情普查成果验收质量检查内容见表 6.1。本节以地表覆盖分类数据为例，对质量检查的内容进行说明。

表 6.1　地理国情普查成果验收质量检查内容

成果类型	质量元素	检查内容
报告成果	完整性	成果内容完整性，附属资料完整性（如技术设计书、技术总结、检查报告、接合表、相关说明、重要问题的处理记录等）
	组织与结构一致性	数据组织、数据格式、文件命名的正确性
		报告中涉及的统计分析等内容与相应的数据成果是否一致
地表覆盖分类数据	数学基础	坐标系统、高程基准、地图投影及图幅分幅是否正确
	位置精度	图斑边界与数字正射影像套合位置精度是否满足要求，图斑几何位置接边精度是否满足要求
	属性精度	图斑解译和代码标记是否正确
	分类精度	与数字正射影像、外调资料、解译样本等资料比对，检查图斑分类的正确性等
	逻辑一致性	属性项、数据集、数据格式、数据文件、文件命名、图斑拓扑是否正确
	时间精度	原始资料、成果数据的现势性是否符合要求
	表征质量	几何类型是否正确、图形是否异常

续表

成果类型	质量元素	检查内容
地理国情要素数据	数学基础	坐标系统、高程基准、地图投影各参数是否正确
	位置精度	要素与数字正射影像、地表覆盖分类数据套合是否超限，要素几何接边位置是否超限
	完整性	要素是否多余或者遗漏
	属性精度	属性值是否错漏，检查要素分类代码是否正确
	时间精度	原始资料、成果数据的现势性是否符合要求
	表征质量	要素几何图形是否异常，要素取舍、图形概括、要素关系、方向特征是否正确
	逻辑一致性	属性项、数据集、数据格式、数据文件、文件命名、要素拓扑是否正确
遥感影像解译样本数据	样本典型性	样本数量是否符合要求，样本分布是否符合要求
	数据及结构正确性	数据组织、数据格式、文件命名、数据库、数据表及属性项定义是否正确
	地面照片质量	所属地表覆盖类型的代表性、拍摄姿态、距离是否符合要求
	遥感影像实例质量	影像数学基础、裁切范围、与地面照片的一致性是否符合要求
地理国情普查生产元数据	空间参考系	坐标系统、高程基准、地图投影各参数是否正确
	位置精度	图形范围是否正确
	完整性	要素是否多余或者遗漏
	属性精度	属性值和属性接边是否正确
	逻辑一致性	属性项、数据集、数据格式、数据文件、文件命名、要素拓扑是否正确

1. 影响地表覆盖分类数据质量的因素

在生产过程中，影响地表覆盖分类数据质量的因素主要有三个方面：数据生产工艺、源数据质量和其他因素。

1）数据生产工艺

地表覆盖分类数据的质量检查与地表覆盖分类数据的获取过程有极其紧密的联系，采用不同的数据生产工艺时，质量检查的重点内容和方式也有一定的区别。当前，地表覆盖分类数据的内业采集工作主要分为两类：图形数据采集和图斑解译分类。从工艺上看，这两类都有计算机自动处理和人工手动处理两种工艺。另外，这两类也可以采取部分计算机自动处理和部分人工手动处理的方式。

地表覆盖分类数据所采取的外业调查核查方式也影响后期的质量检查。地表覆盖分类数据外业调查核查主要有纸图调绘、电子调绘、摄影核查等，其中摄影核查使用较少。纸图调绘相对于电子调绘，其在地表覆盖分类数据质量检查时较费时费力，定位精度受作业人员能力的影响，且对较小图斑标注困难，造成成果使用上的不便和错误。电子调绘在野外文字输入较困难，附加注记时使用不便。

遥感解译样本获取方式对质量检查也有一定的影响。具有定位功能的照片拍摄设备独立获取的样本照片不能准确确定照片所摄中心地物与其影像的对应关系，这影响了对应覆盖分类图斑解译的正确性。

2）源数据质量

地表覆盖分类数据生产中利用的源数据主要有影像数据、基础地理信息数据和少量专题数据。

影像数据作为地表覆盖分类数据生产的主要数据源，其空间精度基本上决定了地表覆盖分类数据的空间精度，其时间精度也在很大程度上决定了地表覆盖分类数据的时间精度。影像数据不完整、有一定量的云雪覆盖、有变形或色彩的偏差等问题会直接导致生产数据的不完整、空间精度下降和影像解译质量的下降。

基础地理信息数据是主要的参考数据，主要参考使用其道路、水系、居民地及植被数据。由于基础地理信息数据的使用目的与地理国情普查数据不同，因此质量要求也不一样。若在使用时使用方式不当，地表覆盖分类数据的空间精度、属性精度、图形质量会受到一定的影响。

专题数据主要是指各类专业部门的行业数据。这类数据的情况复杂，内容繁杂，因此需进行仔细的梳理分析，提取有利用价值的信息。专题数据主要影响地表覆盖分类数据的属性精度和时间精度，但影响程度较低。

3)其他因素

其他因素包括内业作业人员的影像识别能力，外业作业人员的地表覆盖类型判别能力、定位能力、作业经验，质量检查人员的综合素质，过程质量管理的方式、方法等。

2. 地表覆盖分类数据质量检查内容

地表覆盖分类数据是一种空间数据，具有定位、定性、时间和空间关系等特性。空间数据质量是指空间数据在表达实体空间位置、特征和时间时所能达到的准确性、一致性、完整性和三者统一的程度，以及数据适用于不同应用的能力。因此，地表覆盖分类数据的质量主要包括地表覆盖分类数据的数学基础、位置精度、属性精度、分类精度、逻辑一致性、时间精度和表征质量等。

1)地表覆盖分类数据成果的检查内容

(1)数学基础。检查以县域为单位的经纬度成果数据的坐标系统、高程基准是否正确，分幅成果数据的坐标系统、高程基准、地图投影及图幅分幅是否正确。

(2)位置精度。检查套合位置精度、接边精度是否符合规范要求。

(3)属性精度。检查地表覆盖分类图斑解译和生产信息标记代码的正确性。

(4)分类精度。检查地表覆盖图斑分类的正确性，是否有代码缺失、多余，填写是否规范等。

(5)逻辑一致性。检查的内容包括：概念一致性，如地表覆盖分类数据的名称、属性表字段的名称、类型、长度、顺序等是否正确；格式一致性，如地表覆盖分类数据文件名称、文件的数据格式是否符合规范要求，数据文件是否能正确读取等；拓扑一致性，如图幅或区域范围内是否有面缝隙、面重叠、不符合规范要求的面连续等问题，测区范围是否正确。

(6)时间精度。检查原始资料、成果数据的现势性是否符合要求。

(7)表征质量。检查的内容包括：地表覆盖分类数据的几何类型是否正确，是否有极小面(分幅成果图幅接边处需确认是否合理)、折刺等。

2)与地表覆盖分类数据相关的其他成果的检查内容

这些数据成果与地表覆盖分类数据有确定的逻辑联系，主要用来佐证地表覆盖分类数据解译分类的正确性，在地表覆盖分类数据的检查中起着重要的作用。

(1)源数据的检查。主要检查数据采集所使用的影像数据是否合格，现势性是否符合要求;如参考其他数据,需检查其他数据的正确性、权威性、现势性是否符合要求。

(2)地理国情要素数据的检查。检查与对应测区的地理国情要素数据中相应要素的拓扑关系是否正确。

(3)地表覆盖分类外业调查核查数据的检查。检查地表覆盖分类图斑与对应的外业调查核查数据的分类属性是否一致,外业调查核查轨迹与标注图斑是否合理。

(4)遥感解译样本库的检查。检查遥感解译样本点的实地照片与对应图斑的分类是否一致。

3. 地表覆盖分类数据质量检查方法

地表覆盖分类数据的质量检查分为成果数据的内业检查和外业检查。内业检查和外业检查有不同的工作环境和条件,各自也有不同的检查方法。

1)质检软件全自动检查

该方法主要检查地表覆盖分类数据的数学基础、数据结构、图层结构、属性值域、空间拓扑关系、地表覆盖数据与其他矢量成果数据间的拓扑关系等内容。

2)叠加参考数据检查

该方法主要是叠加各类专题数据对地表覆盖分类数据进行对比检查,如叠加林业专题数据对林地图斑进行分类准确性检查、叠加水利普查数据对水面图斑进行核查、叠加土地调查数据进行耕地图斑的核实等。在检查中需注意数据的现势性是否能达到地理国情监测数据采集的要求,各类专题数据的分类系统与地表覆盖分类数据分类系统的联系与区别,各类专题数据的分类精度、采集精度与地表覆盖分类数据的差别等情况。该方法一般使用人机交互方式进行检查,对有疑问图斑进行标注后利用其他检查方式进行核实。

3)叠加地理国情普查其他成果检查

地理国情普查各类成果数据间互相联系,具有一定的内在逻辑关系,是一个有机统一的整体。叠加地理国情普查其他成果数据可以进一步确认地表覆盖分类数据的正确性,也可以通过数据间的关系,检查地表覆盖分类数据与其他成果数据间的逻辑错误。这种方法中,矢量成果数据间的逻辑关系可以通过软件进行全自动检查,其他类型数据间的检查则需要通过人机交互方式来进行。

叠加地表覆盖数据采集时所使用的数字正射影像是进行地表覆盖分类数据内业人工检查最基本的方法。通过人机交互浏览数字正射影像与成果数据,可以利用检查人员的工作经验并结合数据采集要求,详细检查图斑分类的正确性、图斑边界采集精度、图斑采集标准的合理性等内容。

(二)地理国情变化检测

地理国情监测是在地理国情普查成果的基础上,对自然和人文地理要素的空间分布、特征及相互关系进行定量、空间化的监测,从而获取地表覆盖和地理国情要素的变化信息。近年来,基于高分辨率遥感影像和数字地表模型的地表覆盖信息提取以及变化检测已得到广泛应用。

地理国情变化主要包括地物之间的转化和改变两种形式。转化是指地物属性特征的本质变化,如湖泊分布区域干涸之后变为沙漠,植被覆盖区域经人为开发之后变为建设用地。改变是指地物自身内部条件的改变,如林地的疏密及长势情况有所不同。地理国情变化检测主要包括以下几个方面:

(1)检测目标区域是否发生了变化。

(2)检测变化区域的具体位置。

(3)检测变化的类型和程度。

(4)分析变化区域的时空分布情况。

(5)评价检测结果的精确度及与实际情况的符合度。

1. 地理国情变化检测的流程

地理国情要素主要包括点要素、线要素和面要素。地理国情变化检测主要体现为对地理国情要素的空间变化和属性变化的检测，从空间角度出发，对地理国情要素的空间位置和几何形状作定量和定性分析，比较其间的相似程度，以寻找同名实体。其流程如图 6.1 所示。

1)数据预处理

将矢量空间数据的坐标系统和投影系统、数据存储格式、空间数据精度、属性字段类型进行统一，形成空间参考与属性类型一致的同源数据。

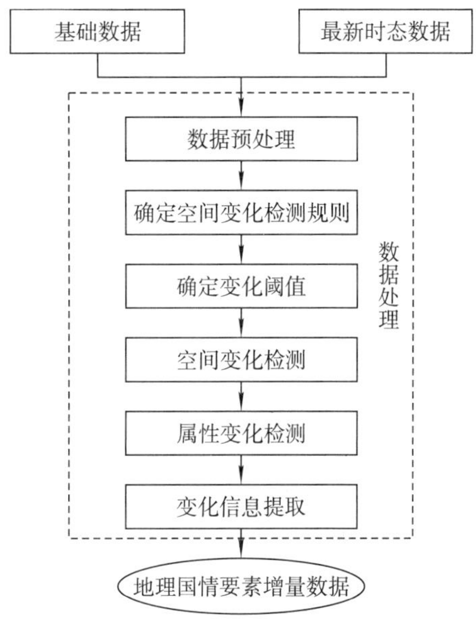

图 6.1　地理国情变化检测流程

2)空间变化检测

(1)点要素的空间变化采用欧氏距离检测，即

$$d=\sqrt{(x_1-x_2)^2+(y_1-y_2)^2}$$

式中，(x_1,y_1) 和 (x_2,y_2) 表示两点坐标值。

以基态点要素为圆心，搜索位置相同或欧氏距离在一定阈值范围内的最新时态点要素。阈值的设定可参考地理要素采集精度。阈值过小，难以找到同名点；阈值太大，会导致出现大量一点匹配多点的情况。

(2)线要素的空间变化采用长度重叠度和豪斯多夫(Hausdorff)距离检测。

长度重叠度为

$$k=\frac{2\times L_o}{L_1+L_2}\quad(0\leqslant k\leqslant 1)$$

式中，L_1、L_2 表示线要素长度，L_o 表示重叠部分长度。

长度重叠度是基态线要素的分布与最新时态线要素的分布相重叠的部分占二者总体分布的比率。基于一定的阈值对新旧时态线要素作线线叠加，计算长度重叠度。

Hausdorff 距离为

$$H(A,B)=\max(h(A,B),h(B,A))$$

$$h(A,B)=\max(a\in A)\min(b\in B)d(a,b)$$

$$h(B,A)=\max(b\in B)\min(a\in A)d(b,a)$$

式中，$H(A,B)$ 为双向 Hausdorff 距离，$h(A,B)$ 为从点集 A 到点集 B 的单向 Hausdorff 距离，$h(B,A)$ 为从点集 B 到点集 A 的单向 Hausdorff 距离。

Hausdorff 距离用来比较两个线要素的总体差异。其中线要素的点集简化为起点、终点、中心点以及其他若干按长度百分比在线要素上取得的点，基于上述点集计算新旧时态线要素的 Hausdorff 距离。

(3)面要素的空间变化采用面积重叠度检测,即

$$w=\frac{2\times S_o}{S_1+S_2}\quad (0\leqslant w\leqslant 1)$$

式中,S_1、S_2 表示两地块面积,S_o 表示重叠区域面积。

面积重叠度是基态面要素的分布与最新时态面要素的分布相重叠的部分占二者总体分布的比率。基于一定的阈值对新旧时态面要素作面面叠加,计算面积重叠度。

3)属性变化检测

莱文斯坦(Levenshtein)距离又称编辑距离,是两个字符串之间,由一个转换成另一个所需的最少编辑操作次数。许可的编辑操作包括替换、插入和删除,Levenshtein 算法一般赋予每个操作相同的权重,也可定义不同操作的代价。地理要素的属性变化采用 Levenshtein 算法对同一属性项进行相似度判读。

2. 地理国情变化检测的方法

1)基于 FME 地理国情要素变化检测

地理国情要素变化检测虽涉及几十种要素,但主要用点、线、面表示,因此数据输入只需保证两个时态的要素类型一致。FME(Feature Manipulate Engine)是加拿大 Software 公司开发的空间数据转换处理系统,它支持动态读取同一格式的不同数据源,然后根据数据源的结构动态生成目标表,主要通过读取模块的合并要素类实现。输入数据分为基态数据和最新时态数据,二者都通过 GeometryFilter 转换器分成点、线、面三种几何要素,用于后续点、线、面要素类的变化检测。

地理要素变化检测的主要步骤包括时态标识、数据过滤、空间匹配、属性匹配等,如图 6.2 所示。

点要素的空间匹配通过 NeighborFinder 查找欧氏距离在阈值范围内的邻近点,并把该范围内所有邻近点的信息存放在该点的属性列表中。在进行属性变化检测时调用 Levenshtein 算法,计算该点与列表中所有邻近点的文本相似度,然后对点的相似度进行排序,提取最优值并判断属性是否发生变化。

线要素的空间匹配通过 Snapper 和 LineOnLineOverlay 对新旧时态线要素作线线叠加计算长度重叠度;通过 Snipper、NeighborFinder 和 StatisticsCalculator 提取点集,计算点到线的最近距离以及统计 Hausdorff 距离。

面要素的空间匹配通过 Snapper 和 AreaOnAreaOverlay 对新旧时态面要素作面面叠加计算面积重叠度。线要素和面要素一般根据重叠度直接提取最优值,在属性变化检测时调用 Levenshtein 算法判断属性是否发生变化。

在实现过程中,对于空间不能匹配的要素,不再进行属性相似度判断,而是简化为直接判断属性是否完全一致,再根据数据时态作进一步判断。

2)基于历史矢量与双时相遥感影像的变化检测

遥感影像变化检测方法已经从传统的像素级变化检测开始向对象级变化检测方向转变。虽然许多变化检测方法采用了面向对象概念,但多数对象仅由影像分割获得,获取方式单一,且该方法极度依赖影像分割算法的精度,目前为止仍没有一种具有普适性和高精度的针对高分辨率遥感影像的分割技术。

基于历史矢量与双时相遥感影像的变化检测方法,主要包括以下几个步骤:

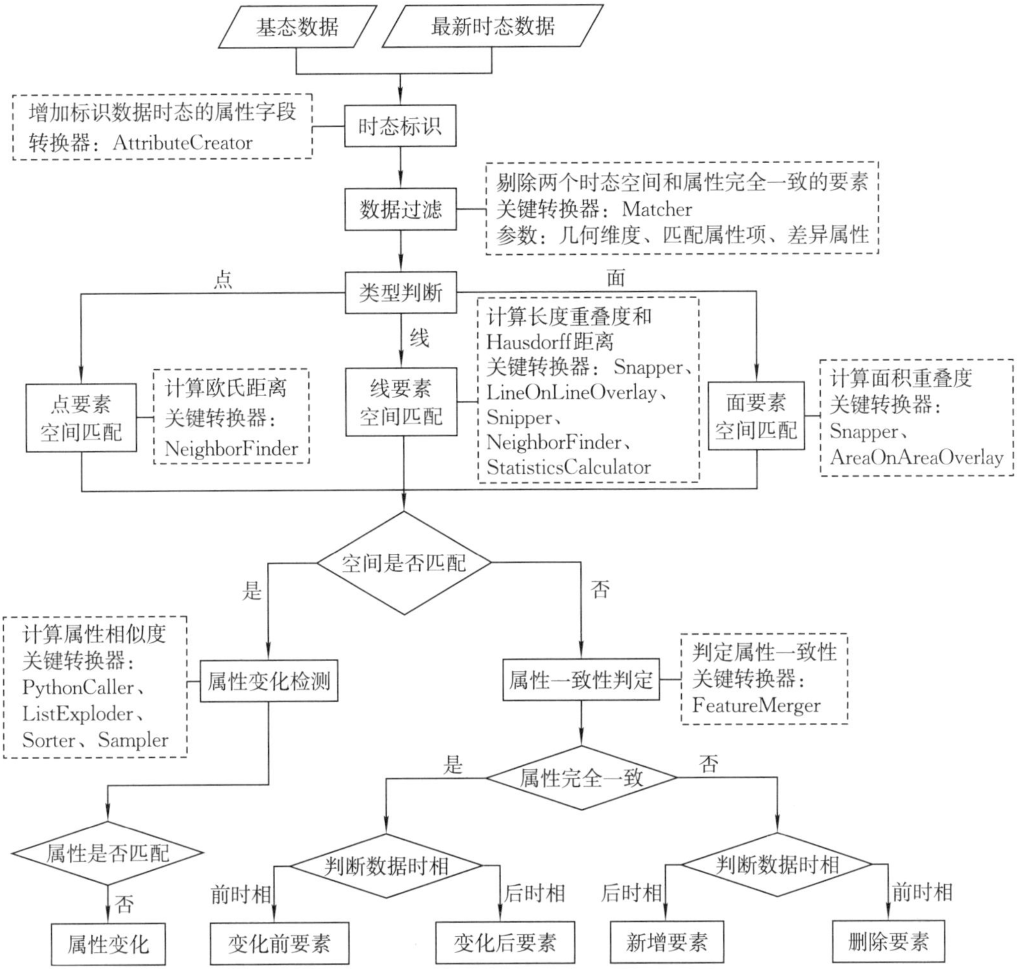

图 6.2　基于 FME 实现地理要素变化检测流程

(1)对象的获取及特征提取。在获得同质对象的基础上，提取光谱、纹理、形状等特征，构建对象特征空间，并对特征空间进行优化。对象特征由组成对象的内部像素灰度值通过一定的数学运算获取。获取的光谱特征主要包括均值、方差、信息熵等，形状特征主要包括面积、密度、矩形契合度、形状指数、长宽比等，纹理特征主要通过灰度共生矩阵计算获得。

(2)变化对象获取。主要采用分类后处理方法。针对分类后处理方法，T_1 时期影像根据 T_1 时期矢量数据的属性信息，获取对象类别，对对象进行分类。T_2 时期影像可采用基于对象的最邻近样本分类算法，对 T_2 时期影像的对象进行分类，如图 6.3 所示。

获取两个时期对象分类结果后，通过叠置分析，对两个时期影像的对象进行变化检测，如图 6.4 所示。该方法在决定是否发生变化的同时，也获得了对象的变化类别，如图 6.5 所示。获取变化检测结果后，可以根据在分割过程中形成的对象与子对象之间的继承关系，将已经获取的变化检测结果转换到矢量图斑上去，以此评价变化检测结果，并估计应用此变化检测结果更新现有矢量数据的能力。

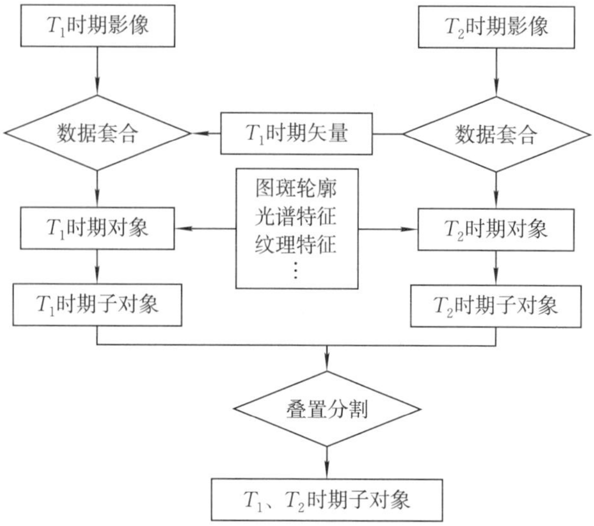

图 6.3 基于历史矢量与双时相遥感影像的变化检测流程

（a）2012年影像多尺度分割结果

（b）2014年影像多尺度分割结果

（c）2012年影像叠置分割结果

（d）2014年影像叠置分割结果

图 6.4 影像多尺度分割结果

图 6.5　变化检测结果

这种方式主要运用多尺度分割算法获取同质对象，并在此基础上利用历史矢量与双时相遥感影像的变化检测方法进行变化检测。获取两个时期对象分类结果后，通过叠置分析，对两个时期影像的对象进行变化检测。该方法在决定是否发生变化的同时，也获得了对象的变化类别。获取变化检测结果后，可以根据在分割过程中形成的对象与子对象之间的继承关系，将已经获取的变化检测结果转换到矢量图斑上，以此评价变化检测结果，并估计应用此变化检测结果更新现有矢量数据的能力。

3)基于图像变换的变化检测

基于图像变换的变化检测方法可以减少数据间的冗余信息，使变化信息在新图像上得到增强。它主要包括主成分分析法、缨帽变换法、正交变换法和典型相关分析法等。其中，主成分分析法和典型相关分析法最常用，缨帽变换法只能用于 Landsat 系列卫星的图像。

4)基于图像空间特征的变化检测

基于图像空间特征的变化检测也称为特征级变化检测，其核心是特征提取。先运用相应的算法从初始图像中提取图像特征，然后对这些特征进行综合对比分析，进而得到变化检测结果。可用的特征包括区域内的统计特征、纹理特征以及空间结构特征。

5)复杂的变化检测

(1)基于对象的变化检测。基于对象的变化检测方法以图像分割为基础，将图像划分为若干形状和光谱具有同质性的区域，然后进行变化检测。根据图像分解的尺度数量，进一步分为单尺度对象变化检测和多尺度对象变化检测。

(2)基于统计模型的变化检测。图像的统计模型作为先验知识在应用中已经相当成熟，图像模型越精确，处理效果也会越好。基于统计模型的变化检测方法主要有基于空间关系模型的变化检测、基于双变量伽马分布模型的变化检测和基于混合马尔可夫模型的变化检测三种。

(3)基于小波变换的变化检测。首先对差值/比值图像进行多尺度分解，得到在多分辨率水平上的表示，并提取变化信息。其次，基于平稳小波变换的变化检测通过自适应尺度选择，可对多分辨率变化影像进行融合，得到最终变化检测结果。利用双树复小波变换对比值图像进行多尺度分解，用贝叶斯准则分别处理高通和低通子带，可得到区域和边缘的变化图像，最后利用尺度内和尺度间的融合得到变化图像。

(4)基于遗传算法的变化检测。遗传算法能在搜索过程中自动获取和积累有关搜索空间的知识,并自适应地控制搜索过程以求得最优解。

3. 地理国情变化检测的不确定性问题

遥感数据特别是高空间分辨率遥感图像的同谱异物和同物异谱现象尤为明显,造成变化检测中变化类和未变化类的可分性降低。遥感数据虽然经过各种校正处理,但仍存在残差。遥感图像配准时的误差会使未正确配准的像素被检测为变化像素,即虚假变化。图像配准的不确定性会严重降低变化检测结果的可靠性。

1)变化检测不确定性的来源

地理国情地表覆盖变化检测普遍使用高空间分辨率遥感数据,需要关注图像变形和阴影问题。

(1)高分辨率图像的变形纠正。高分辨率影像受传感器平台高度及地表起伏等因素的影响较大,影像上的几何图形与其在地图投影中的几何图形之间具有差异,造成了图像变形。

对高分辨率影像进行变形纠正的方法有多项式纠正法、共线方程法、RPC模型法和基于数字高程模型的模拟方法。其中,共线方程法是建立在影像坐标与地面坐标有严格变换关系的基础上的。考虑地表起伏与成像关系,在地表起伏比较大时,它更能显示出校正精度的优越性,在几何精度校正时常常采用基于共线方程的正射纠正方法。机载航空影像受地表起伏的影响较大,一般利用地面控制点和数字高程模型,通过正射纠正消除投影误差,生成平面无变形的数字正射影像。

(2)云和阴影。云和阴影严重影响影像,尤其是光学影像的成像质量。云覆盖区域造成地物信息缺失,无法检测地表覆盖变化。随着遥感影像空间分辨率的提高,影像中地物阴影更加明显,地物光谱的不一致性也随之增加,使高分辨率遥感影像变化检测结果受到影响。

2)变化检测不确定性的改进方法

变化检测不确定性的改进方法主要有模糊数学、数理统计、灰色系统理论、粗糙集、未确知数学、云理论、灵敏度分析等。

4. 变化检测的精度评价

在变化检测过程中,不可避免会出现检测的变化结果与地物的实际变化情况之间存在误差的情况。变化检测的精度评价衡量变化检测结果的好坏,是变化检测中的一个重要环节。在基于矢量与遥感影像的变化检测中,主要将对象分为两类,即变化对象与未变化对象。混淆矩阵常常被用来衡量变化检测精度,因此用混淆矩阵对变化对象与非变化对象进行精度评定,主要采用正确率(OR)、虚检率(FR)、漏检率(MR)三个评价指标。混淆矩阵见表6.2。

表6.2 变化检测混淆矩阵

实际变化情况	检测变化结果		
	检测发生变化的面积	检测未发生变化的面积	合计
实际发生变化的面积	CC	CN	CC+CN
实际未发生变化的面积	NC	NN	NC+NN
合计	CC+NC	CN+NN	CC+CN+NC

注:CC是地理国情信息分类编码,NC是变化后的地理国情信息分类编码,CN是未发生变化的地理国情信息分类编码,NN是变化前的地理国情信息分类编码。

1)正确率

正确率表示实际发生变化且检测发生变化的面积与检测发生变化的总面积的比值。正确率越大，表示检测结果越好，检测精度越高。

$$正确率=\frac{实际发生变化且检测发生变化的面积}{检测发生变化的总面积}\times 100\%$$

2)虚检率

虚检率表示实际未发生变化却检测发生变化的面积与检测发生变化的总面积的比值。虚检率越低，表示被误判的变化面积越少，检测效果越好。

$$虚检率=\frac{实际未发生变化却检测发生变化的面积}{检测发生变化的总面积}\times 100\%$$

3)漏检率

漏检率表示实际发生变化却没有被检测出来的面积与实际发生变化的总面积的比值。漏检率越低，表示实际发生变化却未检测出来的面积越少，检测效果越好。

$$漏检率=\frac{实际发生变化却没有被检测出来的面积}{实际发生变化的总面积}\times 100\%$$

（三）地理国情监测可靠性

地理国情监测是利用现代测绘地理信息技术，对自然、人文、社会和经济等要素的动态变化进行监测，是科学、及时掌握地理国情信息，提供权威、准确的地理信息服务的重要手段。为全面掌握地理国情现状，建立常态化地理国情监测的基础，原国家测绘地理信息部门已在2016年完成了第一次全国地理国情普查。地理国情信息是国家职能部门制定战略、做出决策的重要依据。可靠的地理国情信息是做出科学决策的保障；相反，不可靠的地理国情信息可能造成决策失误，给国家造成损失。

地理国情监测可靠性分析旨在解决地理国情监测过程与监测成果中的可靠性问题。针对地理国情监测的复杂性、时空动态性等特点，系统研究地理国情监测过程和监测成果的可靠性度量、描述与控制方法，包括地理国情监测过程和监测成果可靠性基础理论与方法、地理国情监测成果可靠性综合评估方法、地理国情监测过程可靠性建模与控制等。地理国情监测可靠性理论研究将为实现可靠的地理国情决策提供理论和技术支撑。

地理国情监测可靠性分析的研究主要包含四个方面：

(1)地理国情监测可靠性因素分析。深入研究地理国情监测的业务流程，分析在对客观世界进行表达、认知过程中以及在地理国情监测数据获取、处理过程中影响可靠性的因素，研究可靠性因素的表达方式。

(2)地理国情监测成果可靠性指标与评估模型。结合空间数据可靠性理论，分析可靠性因素之间的关系，针对监测成果的特点和应用构建可靠性指标，建立定量化评估地理国情监测成果可靠性的评估模型和评估方法。

(3)地理国情监测过程可靠性传播与建模。分析各个可靠性因素对监测过程以及监测成果可靠性的影响，构建监测过程可靠性传播模型，为实现监测过程的可靠性评估与控制提供基础理论与方法。

(4)地理国情监测过程可靠性控制。在监测过程可靠性传播机制研究的基础上，发现可靠性低的环节，提出改进监测数据处理过程中不确定性的方法，建立地理国情监测过程可靠性控制模型，实现对数据处理过程可靠性的提高，如图6.6所示。

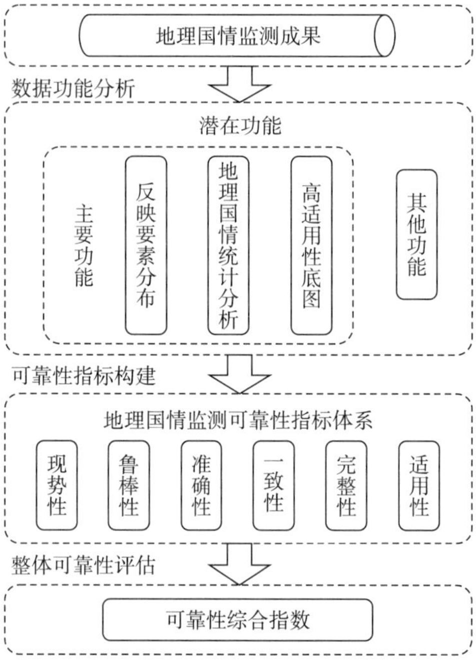

图 6.6 数据处理过程可靠性影响因素分析

通过对普查数据生产环境以及数据生产过程相关特征的分析，研究造成普查数据与真实地表差异的各种因素，计算各个因素对数据成果的影响程度，并赋予相应的权重，最终统计获得普查数据反映真实地表情况的可靠性评估结果。通过将普查数据整体质量评估结果与普查数据可靠性评估结果相互比较，结果更印证了普查成果质量的可靠程度，为下一步常态化地理国情监测中的数据可靠性评估奠定了基础，推动了地理国情监测可靠性理论研究的应用实践。

三、学习考核

(一)思考题

1. 地表覆盖分类数据质量检查的内容包括哪些？
2. 地理国情变化检测的方法有哪些？
3. 可靠性地理国情监测主要研究解决哪些问题？

(二)练习题

查找文献，研究如何通过通用软件平台进行空间数据变化检测。

(三)测试题

通过地理空间信息云(http://www.gscloud.cn/)下载两期某地影像，尝试通过 ArcGIS、ENVI 等软件分析其变化。

任务七　地理国情可视化

［单元概述］

可视化是将大量复杂的枯燥数据及数据之间的关系转换为图形、图像，并为用户提供观察数据和理解数据的直观方法。本任务针对地理国情的可视化问题，探讨了地理国情可视化的常用方法。

一、任务要求

1. 了解地理国情可视化的相关技术和方法。
2. 了解地理国情可视化的特点。

二、学习内容

（一）地理国情的可视化问题

地理国情是空间可视化的国情。地理国情监测通过获取多种类型的地理空间数据，如地表植被、土地利用、生态变化、环境演变、城镇扩张等，深入揭示社会经济发展和自然资源环境的内在关系和演变规律，为国家和地方的发展、生态环境和自然资源环境的合理开发利用等服务。地理国情监测的目标是通过监测地理国情的动态变化，统计、分析和评估地理国情的时空特征及其变化发展趋势，形成权威、标准的地理国情监测产品，其主要任务是自然与人文地理要素信息的动态获取、综合分析、产品生产与发布。地理国情监测获取基础地理国情信息、分析和评价结果、产品及动态变化过程，需要通过合适的方式针对不同的应用进行展示，存在可视化的问题。

1. 地理国情可视化的概念

可视化是将大量复杂的枯燥数据及数据之间的关系转换为图形、图像，并为用户提供观察数据和理解数据的直观方法。观察者可以准确地发现隐藏在大量数据背后的规律，以更好地理解、分析和使用这些数据。可视化一词来源于英语的 visualization，可译为“图示化”“视觉化”或“可视化”，通常将抽象的事物、过程变成图形、图像的视觉表示称为可视化。可视化的通用概念是 1987 年出现的，美国国家科学基金会报告正式提出了“科学计算之中的可视化”的概念。其后，又逐渐出现了数据可视化、信息可视化、科学可视化、地理信息可视化等概念。这些概念将可视化与不同的研究领域进行结合，分别形成了不同领域对可视化的定义。

可视化领域通常将可视化分为科学计算可视化与信息可视化。科学计算可视化是从计算机科学的角度对可视化进行定义，也称为科学可视化、计算机可视化或电脑可视化。科学计算可视化通过将符号转化成几何图形，对数据进行观察、模拟和计算，并从图形数据和多维数据中生成图像，研究视觉信息的感受、使用和传输。与科学计算可视化相比，信息可视化是把抽象的、大多不具备物理空间本质特征的数据转化为空间分布形式的图形、图像，以帮助用户理解或发现其中隐藏的事物本质关系、形态和结构。

地学领域把科学计算可视化与地球科学结合，形成了地学可视化的概念，地学可视化是关于地学数据的视觉表达和可视分析。测绘、地理、地质和地图领域，都用图形（地图）表达对地学现象和规律的认知和理解，因此地学可视化包括地图可视化、地理可视化、地理信息系统可视化及专业应用领域可视化。地图可视化是地图学的可视化或地图信息的可视化。地理可视化是把可视化引入地理科学而形成的概念，研究可视化在地理科学中的作用、理论和方法。地理信息系统可视化是研究地理信息系统中关于可视化的理论、方法和技术，主要研究二维图形显示算法、三维图形显示技术以及动态模拟与显示技术等。

地理国情监测作为一个新的研究领域，侧重于将地理信息与社会活动信息结合起来，提供对地理国情信息的综合处理、分析和表达，其可视化不同于上述各种领域可视化的范畴。地理国情可视化是将可视化技术引入地理国情监测领域，结合地理国情监测的特点研究地理国情可视化的理论、方法和技术。地理国情监测包含复杂的多维时空综合信息，其可视化侧重于对信息的综合表达和变化监测，在地学可视化的研究框架（图 7.1）中，将地理国情可视化加入地学可视化的范畴，将其与地图可视化和地理信息系统可视化并列。

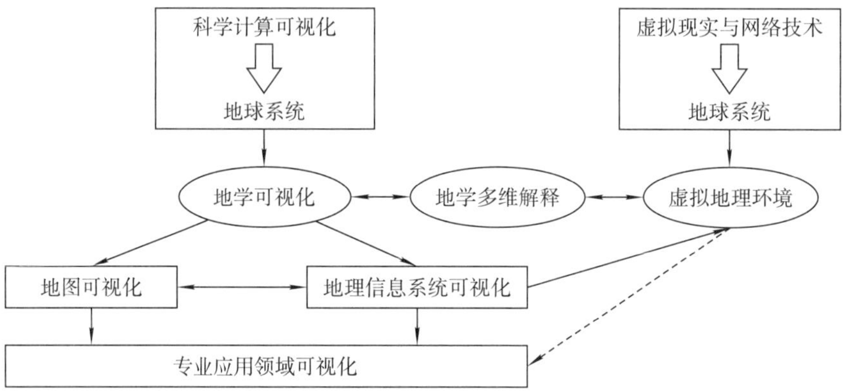

图 7.1　地学可视化的研究框架

2. 地理国情可视化的框架和内容

地理国情监测主要强调建立地理国情监测基础数据库和对重要地理国情信息进行动态监测，从而为国家、企业和个人提供丰富多样的地理国情监测成果。地理国情可视化从表现内容上看，包括地理国情基础信息数据的可视化、地理国情分析评价成果的可视化和地理国情动态变化过程的可视化；从视觉化表现形式上看，有地图（图形）、图像、文本、统计图表、多媒体、虚拟现实等表现方式；从空间维数上看，有二维可视化、三维可视化、多维可视化、动态过程可视化等；从时间维数上看，可分为静态可视化和动态可视化等，如图 7.2 所示。

1）地理国情基础信息数据

地理国情是与地理相关的自然要素、经济要素和人文要素的国情，是从空间角度反映国家自然、经济、人文状况及特点。地理国情涉及国土疆域、行政区划、地形地貌、江河湖海、道路交通、土地利用、城镇布局、灾害分布等的信息，在地理空间上反映了国家的自然资源分布、生态和环境状况，同时也反映了国家经济、人文信息的空间分布，有助于揭示人文信息与自然资源消耗、城镇化进程等之间的内在联系。

地理国情还可以解释为反映一个国家特定时期各方面国情的空间分布及固有的数量、质量、联系和规律的数字、文字、图形、图像等信息的总称。与其他信息相比，地理国情有自己的特征，主要包括区域性特征、多维结构特征、时间性特征、客观性特征和权威性特征。地理国情是客观自然和与之有关的人文要素在地表的空间分布，数据量大、覆盖面广，并不断发生变化。地理国情信息和相关数据作为地理国情变化和特征的物理描述，必须通过一定的载体表现并被人们感知。

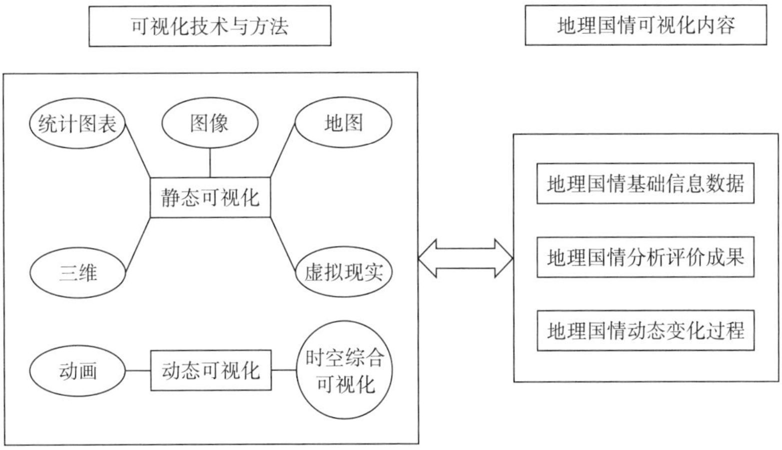

图 7.2　地理国情可视化内容与方法

地理国情基础信息数据主要是指各级测绘管理部门通过组织实施基础测绘获取的可量测的、高精度的基础测绘成果，主要包括地形地貌、地名、水系及附属设施、道路交通、居民地、土地利用等地理要素的分布信息。

2)地理国情分析评价成果

地理国情监测是一个国家的重要任务，监测成果必须紧跟时代步伐。现代测绘技术发生了一系列变化，主要体现在测绘过程由静态变为动态，由时间点变为时间段，由测绘地表形态变为监测地表变化，由提供测绘成果变为报告监测信息。而地理国情监测产品是指在地理国情监测中经过处理、分析，提供给政府、企业和个人使用的产品，针对不同的监测领域，反映了监测领域中信息的空间特征和属性特征。

地理国情监测成果是通过遥感、地理信息系统和卫星导航等高新技术手段，对地形地貌、道路交通网络、土地利用与覆盖、城市布局与城镇化、生产力空间布局等自然和人文地理要素进行动态获取、综合分析、实时发布和监控评价，形成一系列地理国情信息成果资料，并构建地理国情数据库。通常认为地理国情监测产品是服务国家、企业和公众的综合性信息，其主要的产品类型包括相关数据集、地理国情监测报告和地理国情监测系列专题地图。

3)地理国情动态变化过程

地理国情信息是动态的地理信息，反映一定时期内地理信息的发展和变化，具有明显的时间属性。动态变化性是地理国情监测的一个重要特征，在这个过程中需要表示变化检测的信息，带有时间属性的地理国情及动态变化过程以可视化的形式表现出来，对复杂动态变化过程中不易理解和不易分析的内容通过可视化提供更好的理解和分析。地理国情动态监测是在动态测绘的基础上，通过获取不同时段的基础地理数据，采用统计和对比分析、模拟等方法揭示监测对象的变化演进过程、规律，并对监测对象的未来发展态势进行分析和预测，如冰川消融、城市扩展、地表升降等。

3. 地理国情可视化的步骤

对地理国情信息进行可视化表达，首先要明确两个问题：一是要可视化的地理国情信息是什么;二是地理国情可视化的用户是哪些。在明确这两个问题的基础上考虑可视化的数据类型、数据特性、数据模式和数据再处理。对特定的可视化显示任务,可视化过程本身就是对数据的重新解释、理解和凝练,分析数据之间存在的关系,如空间关系、因果关系、相关关系等,并以直观的关系表达出来。

创建地理国情可视化信息时,有以下几个关键步骤:

(1)明确地理国情可视化的目的。对可视化来讲,围绕不同的可视化目的,可以生成多种可视化产品。地理国情信息主要以数据为中心,通过数据分析,表达地理国情数据集的独特属性。此外,了解地理国情数据如何变化、如何有效地使用和分析地理国情数据,以及如何发现地理国情数据集的特性都是非常必要的。

(2)地理国情数据的再处理。此阶段主要是指数据的再加工,通过对地理国情数据进行格式变换、解析、计算、排序、组织、分组、分类等处理,构造数据的结构图,形成新的数据信息。

(3)选择可视化展现方式。根据可视化目的和收集到的数据特征,选择合适的可视化表现方式,包括可视化形式的确定(地图、图像、统计专题图等)、信息可视维度的选择(尺度、色彩、位置、网络、时间等)、视觉模型的确定等。

(二)常用的地理国情可视化方法

从信息种类来讲,地理国情数据不仅包括地理信息数据,还包括社会、经济专题数据等;从可视化形式来讲,主要包括地图、影像、统计图表、三维模型(三维场景)、虚拟现实与虚拟地理环境等。

1. 地形表达方法

地图是表示地理信息的重要方式,被称为地理学的第二语言。在计算机中,地图通常是以矢量形式记录的图形。地图包括普通地图和专题地图。地形图是普通地图的重要类型,是国家基础地理信息数据,也是地理国情监测的重要基础数据。专题地图则是着重表示某一领域和某一个或几个基础地理要素信息的地图,其形式和内容丰富多样,可用来表达不同领域、不同主题的地理国情监测信息,是地理国情监测成果的主要可视化形式。

地理国情监测数据是具有空间位置特征的综合数据。地图作为空间实体的符号化模型,是地理国情监测数据的主要表现形式。根据空间几何形态特征,地理国情监测数据在地图上表现为点状符号、线状符号和面状符号。对于具有空间三维特征的数据,可以采用等值线图、三维立体晕渲图等形式表示。等值线图是将空间上具有相同特征值的点连成曲线(等值线)的一种图形,如用来表示降水量的降水等值线图、表示温度分布的气温等值线图;晕渲图则以地物对光线反射产生的明暗程度表现二维表面的起伏,达到表示立体形态、产生地图视觉效果的目的。

2. 图像表示方法

图像,尤其是遥感图像,也是一种重要的表示地理国情监测数据的视觉化形式。图像由排列的像素组成,用灰度、颜色、模式等表示空间视图的质量特征。通常图像把连续的空间划分为规则的单元,在对应的位置上用视觉元素表示单元特征,如颜色。

遥感是地理国情监测数据采集、处理、分析、表达的重要技术。遥感数据的主要形式是遥感图像,与图形相比,图像更直观、形象,有更好的视觉效果。当前通常将遥感图像作为背景,把地图或地图要素叠加在上面,这样既可以很好地利用地图表达的优点,又能利用图像表达更直观的优势。

不仅可以用图像来表示二维场景，也可以基于图像创建三维场景，如基于图像技术的实景地图。使用图像能表达特定区域的三维场景，并能进行场景的全方位浏览。

3. 统计图表方法

地理国情数据是高度综合的数据，地理国情数据中不仅包括大量的空间地理信息，也包含各领域用统计调查等手段获取的社会数据、统计分析数据等。统计图表多用于各领域专题数据的视觉化表达。常用的统计图形式有柱状图、扇形图、直方图、折线图和散点图等。统计表则是将具体数据直接表示在表格中，也是一种直观的表现形式。

4. 三维方法

地理国情信息在本质上是三维的，三维可视化是地理信息服务发展的主要趋势，分布式虚拟地理信息系统与三维虚拟地球技术将成为研究的主流方向。将三维可视化方法用于地理国情信息的表达是地理国情可视化的重要研究内容。

1)地理国情三维可视化内容

地理国情信息是空间化的地理信息，其三维可视化内容包括三维地形的可视化、三维地物的可视化等。

(1)三维地形可视化。地形的三维表达通常是基于特征模型或场模型，将连续的地形起伏离散化为规则的格网或不规则三角网。通过对地面高程进行采样、采用插值计算等方法，构建地形形态的数字高程模型，在模型上添加数字正射影像表示地表纹理，使用地表高程与影像信息逼真地表示地形，如图 7.3 所示。

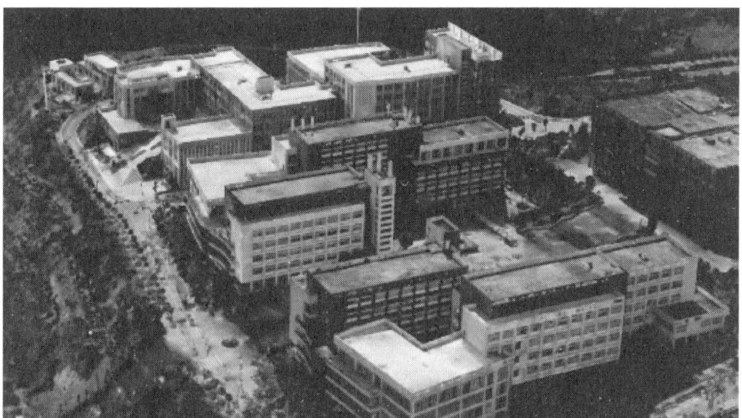

图 7.3　三维地物模型

(2)三维地物可视化。城市中的三维地物通常包括建筑物、街道、道路、桥梁、管线、植被等。一般通过创建不同地物的三维几何模型，并进行几何变换、纹理映射等，构建这类地物的三维场景。

2)大规模三维场景可视化加速技术

在三维可视化中，三维模型本身通常是非常复杂的，一个建筑物可能包含成百上千个多边形，对大规模三维场景可视化来讲，如此庞大的场景数据量需要研究其场景表达的加速技术，以解决数据量与实时渲染速度之间的矛盾。而细节层次(level of detail，LOD)技术是用来解决这类问题的非常有效的方法之一。

细节层次技术是根据人类视觉原理，在不影响画面视觉效果的条件下，通过逐次简化景物的表面细节减少场景的几何复杂性，从而提高绘制算法的效率。细节层次模型是指对同一个场景或场景中的物体，使用具有不同细节的描述方法得到一组模型，供绘制时选择使用。

通常对每个原始多面体模型建立几个不同逼近精度的几何模型。与原始模型相比，每个模型均保留了一定层次的细节。在绘制时，根据不同的标准选择适当的细节层次模型表示物体，使实时绘制三维场景成为可能。

细节层次技术的基本思想是对场景中的不同物体或物体的不同部分，采用不同的细节描述方法。在绘制时，如果一个物体离视点比较远，或物体比较小，则用较粗精度的细节层次模型绘制；反之，如果一个物体离视点比较近，或物体比较大，则必须用较精细的细节层次模型绘制。绘制运动的物体时，对运动速度快或处于运动中的物体，采用较粗的细节层次模型绘制，对静止的物体采用较细的细节层次模型绘制。

3）三维可视化工具

（1）三维图形应用程序接口。

三维可视化中的模型通常是非常复杂的，三维模型的显示涉及相关软件和硬件，软件通常指三维图形应用程序，硬件主要是三维图形加速卡，而三维图形应用程序接口（3D API）起到沟通三维图形应用程序和三维图形加速卡的作用。目前三维图形应用程序接口有几十种之多，获得广泛认可的有 OpenGL 和 Direct3D。

OpenGL 的前身是 SGI 公司为其图形工作站开发的 IRIS GL，在向其他平台移植时产生了 OpenGL。OpenGL 是指开放的图形程序接口，是一个与硬件无关的软件接口，可以在不同的平台（如 Windows、Unix、Linux、Mac OS）之间进行移植。因此，支持 OpenGL 的软件具有很好的移植性，可以获得非常广泛的应用。在 OpenGL 的基础上还有 Open Inventor、Cosmo3D、Optimizer 等多种高级图形库，适用于不同应用。

Direct3D 是微软公司在 Windows 操作系统上开发的一套三维绘图编程接口，是 DirectX 的一部分。Direct3D 和 OpenGL 是绘图软件和电脑游戏最常使用的两套绘图编程接口。Direct3D 是基于微软的通用对象模型的三维图形应用程序接口。其与 Windows 操作系统兼容性好，可绕过图形显示接口直接进行支持该应用程序接口的各种硬件的底层操作，大大提高了程序的运行速度。

（2）三维虚拟地球工具。

目前主流的三维虚拟地球工具包括 Google Earth、WorldWind、Virtual Earth 等，这些工具的出现给用户带来了全新的体验。以 Google Earth 为例，其在 2005 年面世后，迅速获得了公众的关注，它把卫星影像、航空照片和地理信息系统集成在一个地球的三维模型上，个人计算机可下载、安装 Google Earth 软件，从多个尺度观看地球影像，并可进行模拟飞行。将地理国情监测数据和成果在 Google Earth 等三维可视化平台进行展示是地理国情空间数据可视化的重要研究内容。通过 Google Earth 的应用程序接口，用户可以将 Globe 作为承载平台，开发用户自己的应用，结合地理国情信息的空间化特征，将地理国情数据进行三维展示。

原国家测绘地理信息局针对“数字中国”建设了“天地图”地理信息综合服务站，作为国家地理信息公共服务平台的公众版。“天地图”运行于互联网、移动通信网等公共网络，以门户网站和服务接口两种形式向公众、企业、专业部门和政府部门提供 24 小时不间断的“一站式”地理信息服务。用户可以通过“天地图”门户网站进行基于地理位置的信息浏览、查询、搜索、量算，以及路线规划等各类应用；也可以利用服务接口调用“天地图”的地理信息服务，利用编程接口将“天地图”的服务资源嵌入已有的各类应用系统（网站）中，并以“天地图”的服务为支撑开展各类增值服务与应用。“天地图”装载了覆盖全球的地理信息数据，这些数据以矢量、影像、三维三种模式全方位、多角度展现，可漫游，能缩放。其中中国的数据覆盖了从宏观的中国全境到微观的乡镇、村庄，是用来展示地理国情监测数据的重要平台。

5. 虚拟现实与虚拟地理环境

20 世纪 80 年代末虚拟现实技术引起了人们广泛关注，近年来已成为信息领域科技工作者和产业界研究、开发、应用的热点，在多个领域中都出现了与虚拟现实有关的各种研究。与虚拟现实相近的概念还包括虚拟环境、人工现实、赛博空间、增强现实等。

虚拟现实技术是指利用计算机和相关输入/输出设备生成一个“看起来是真的、听起来像真的、摸起来像真的、嗅起来像真的、尝起来像真的”能够提供多种感知的三维虚拟世界。计算机图形学的奠基人——美国科学家 Sutherland 博士在 1965 年发表的《终极显示》论文中，提出能否不通过计算机屏幕来观看计算机生成的虚拟世界，而是使观察者直接沉浸在计算机生成的虚拟世界中，因此观察者能够以自然的方式参与到虚拟世界中，并进行自然的交互。这些描述实际上给出了对虚拟现实的明确解释，也成为虚拟现实技术的重要理论基础。

虚拟现实技术的提出和发展提供了一种新的展示和表达地理国情监测数据和信息的思路。除了视觉感受之外，虚拟现实技术可以提供听觉、触觉、嗅觉乃至味觉等多种感觉反馈，用多种方式实现人与虚拟环境的实时动态交互。将虚拟现实技术引入地理学，结合地理环境的定义，将虚拟地理环境定义为包括作为主体的人类社会和围绕该主体存在的一切客观环境的整体，包括计算机、网络、传感器等硬件环境，以及虚拟的社会、政治和文化环境。

三维可视化与虚拟地理环境有着密切的关系。三维可视化针对海量、多维、复杂的地理数据，强调通过计算机图形和图像表示真实、直观的三维场景；而虚拟地理环境是创建一个三维虚拟地理空间，人员可以进入该虚拟空间，在虚拟空间中行走，观察空间现象的分布或地理过程的演化，并在其中发挥重要的作用。

将虚拟现实和虚拟地理环境相关技术引入地理国情监测，形成虚拟地理国情，对复杂地理国情场景进行虚拟再现，从多个角度、多维空间展示地理国情的场景和变化，使用虚拟现实技术的人机动态交互技术，更直观地提供丰富的地理国情信息显示方式。

（三）地理国情变化检测的可视化方式

变化检测是地理国情监测的主要内容和重要技术之一。变化检测主要是指对不同时相的数据进行比较，包括对两时相和多时相数据的变化情况和变化信息进行分析和提取。对变化检测的结果进行显示的目的主要在于通过视觉对比分析，更好地理解这种变化及其规律，有助于分析引起变化的原因。

1. 变化信息的表达

在遥感影像变化检测中，变化结果通常以色彩的差别进行表示。在基于像素的变化检测中，其结果一般是以不同的颜色表示信息的变化。在高分辨率遥感影像变化检测中，基于目标对象的变化检测结果，可以采用矢量叠加影像再结合检测结果的表格等方式进行显示。

2. 不同时相数据的对比显示技术

对于不同时相数据的变化信息，可以通过变化检测的方法，把变化的信息表示出来，也可以用对比显示的方法通过目视对两个时相的数据进行分析。例如，通过卷帘的形式，对两个时相的数据进行对比显示，主要是将两幅不同时相的影像数据叠加起来，通过鼠标控制，像卷帘一般把上幅影像卷起来，同时显示下幅影像。在灾害监测中会用这种方式对比灾害发生前后的影像。

另一种方式是使用 Alpha 通道（附加通道，用来表示不可见的透明度信号）的透明特性创造更好的图像对比显示效果，在对两个时相的影像数据叠加显示时，给一幅影像加上透明通道，用目视的方式把影像的变化信息更好地显示出来。

（四）地理国情监测时空动态变化可视化

地理国情动态变化是地理国情监测的主要内容之一，地理国情信息要综合反映地理环境的时空变化，地理国情本身也具有多维动态变化的性质。空间数据在本质上具有空间、时间和属性特征，三者缺一不可。空间特征从本质上看是三维的，属性特征是多维的，而时间特征是动态的，表示地理国情有随时间变化的特征。

1. 时序数据的动画可视化

对于地理国情监测和地理现象而言，通常其时间特征包括以下四种情况：

（1）反映特定时刻的地理现象，如截至某一时期的河流流域范围，可以是历史的、现状的和未来的三种情况。

（2）反映地理现象的动态变化过程，如三峡库区的移民路径与分布等。

（3）反映某一时段的地理国情变化，如两个时段或多个时段的地理国情对比等。

（4）反映地理现象的周期变化，如气候气象、水文现象等。

通常人们看到的地理事物和现象处于一个静止的时间状态，而事物本身会随时间不断地发生变化，具有动态性的特点。用动态的观点观察和认识事物，才能获得对事物和现象全面、正确的认识。在可视化时，要把这种发展变化动态地表示出来。对于没有明显时间变化表征的地理事物和现象，也可以用动画技术表示其发展趋势和历史演化规律。对于存在时间序列数据的地理国情监测数据，可用的可视化方法包括静态地图、多静态地图、动态地图和动画等。静态地图是在地图上使用静态地图符号表示事物在地理空间上的发展变化。多静态地图是将不同时间点的地图放在一起进行展示。而动态地图是将这些时间序列数据以动态播放的形式进行可视化展示，可以加入时间条，并使用拖放时间条的方式单独查看不同时间点的数据，也可以用播放的形式观看数据在一定时间内的发展变化，有助于理解变化过程和总结变化规律。动画技术适用于表示随时间变化的物理场，通过图像数据序列显示连续的物理场变化。理想的动画技术要求能够实时生成和显示动画序列。在气象监测应用中，对不同时间点的卫星云图，通过滚动播放形成卫星云图动画，用动画的形式展示不同时间点卫星云图的发展变化等。

2012 年美国国家航空航天局制作了一段视频，在 26 秒的时间内将自 1880 年有记录以来全球温度的上升变化进行了汇总，用视频动画的形式说明了来自能源生产、工业以及车辆的温室气体排放量逐渐增加。

2. 地理国情时空数据综合可视化

地理国情具有动态变化特性，对地理国情的研究应该侧重于地理国情现象的构成、产生及演化过程。许多地理国情现象都具有多尺度性、不确定性、综合性和交互性等特征，如土地利用变化、城市扩展、洪水漫延、人口迁移等空间和时间变化的现象，都需要采用研究时间和空间信息的综合可视化方法，将动态变化过程进行表示和描述。这类地理国情现象既包含空间上的性质，又包含时间上的特征。只有把时间及空间这两大范畴纳入某种统一的基础中，才能真正认识地理国情现象发生、发展的本质规律。地理国情时空数据综合可视化主要研究对地理国情现象的时空过程和时空目标进行描述和分析的可视化方法，以图形的方式显示随时间变化的空间数据，是对具有动态特性的地理国情现象随时间变化的表达和探索。

Hagerstrand 在 20 世纪 60 年代末提出了空间时间立方体模型，模型的主要特征包括时空路径和时空棱镜。模型表达了空间的二维几何位置和时间维，描述二维空间沿着第三个时间维演变的过程，可以很好地表述物体在空间中的运动。三维立方体中的截面表示现实世界在某一时间点的状态。模型运用时间维的几何特征，表现了实体是一个时空体的概念，适用范围广泛，如个体或公共交通的行为路径、交通上的交通优化等。空间时间立方体模型在描述和跟踪运动目标的运动轨迹方面有广泛的应用，可用于表述人的出行行为规律；在交通方面可用于可视化人或车的出行规律、出行路径、变化规律等。基于空间时间立方体模型，很多研究对模型进行了扩展，将其用于地理事物和地理现象的时空综合表达。模型中的空间维可以是地图数据、影像数据、DEM 数据，也可以是三维模型场景；时间维可以是自然时间，也可以是事件本身的时间。交互式可视化的研究提供了更多技术，通过这些技术可以从很多角度对模型中的数据进行可视化与分析。在地理国情监测中，空间时间综合表达的应用很多，如对台风、洪水、冰凌运动过程的动态变化轨迹监测等，都可以使用空间时间立方体模型进行可视化展示。

三、学习考核

（一）思考题

1. 地理国情可视化的方法有哪些？
2. 地理国情可视化的特点有哪些？

（二）练习题

1. 通过网络查阅目前空间可视化的主要平台有哪些，各有什么优点？
2. 通过网络查询如何在 ArcGIS 软件平台中实现空间数据动态可视化。

（三）测试题

结合自身收集的数据，设计一幅个性化地图。

任务八　地理国情监测案例分析

[单元概述]

本任务主要通过一些案例，介绍地理国情监测在各个领域的具体应用。

一、任务要求

1. 了解地理国情监测的应用领域。
2. 能够对某一应用领域进行具体案例分析。

二、学习内容

地理国情监测是综合利用卫星导航定位技术、航空航天遥感技术、地理信息系统技术等现代测绘技术，综合各时期已有的测绘成果档案，对地形、水系、交通、地表覆盖等要素进行动态和定量化、空间化的监测，并统计分析其变化量、变化频率、分布特征、地域差异、变化趋势等，形成反映各类资源、环境、生态、经济要素的空间分布及其发展变化规律的监测数据、地图图形和研究报告。地理国情监测通过对地理国情进行动态测绘、统计，从地理的角度综合分析和研究国情，为政府、企业和社会各方面提供真实可靠和准确权威的地理国情信息。

(一)基于地理国情监测的区域协同发展

基于第一次全国地理国情普查成果和中、高分辨率卫星遥感影像，结合基础地理信息数据，以及交通、气象、人口、污染企业法人等专题数据，采用变化检测、内业解译和编辑、外业核查、综合分析等技术方法，获取了京津冀地区多期大气颗粒物污染源、城市空间扩展、自然生态空间和地面沉降等的空间分布及变化信息。分析京津冀地区不同时期的重点大气颗粒物(PM2.5 和 PM10)污染源空间分布变化及其对人群健康的影响、城市空间扩展及其对社会发展的影响、自然生态环境状况及其变化、地面沉降速率及其影响和成因等，形成了一系列监测报告、图件和数据成果，充分掌握了该地区不同时期重要地理国情的变化过程。其中，京津冀地区大气颗粒物污染源空间分布监测直接为国家发展和改革委员会宏观决策、京津冀地区大气环境治理提供数据支撑，自然生态空间监测为生态环境部门水环境承载力分析评价试点提供技术服务保障，城市空间扩展监测技术直接应用于住房和城乡建设部门的规划实施评估与城市绿化统计等工作，地面沉降监测成果有效服务于自然资源和水利部门。京津冀协同发展重要地理国情监测技术及成果，为京津冀协同发展战略实施、生态文明建设和防灾减灾等提供了有力保障。

自然生态空间监测成果显示：2007—2015 年京津冀地区总体生境质量指数略有提高，表明近年来整体生境质量稍有改善，局部地区出现降低。与 2007 年相比，2015 年生境质量明显下降的区域主要分布在唐山北部、沧州中部、石家庄与衡水交界处以及保定的东南部地区，空间分布格局以太行山—燕山山脉为界，山麓以北地区普遍较好。2007—2015 年，京津冀地区绝大多数城市的林草覆盖率呈增高趋势，其中承德、张家口、北京的林草覆盖率在 50%以上。2007—2015 年京津冀地区各城市不透水地表面积均呈增长趋势，其中北京、天津、沧州、保定、唐山的不透水地表面积增加量超过 180 km²。

(二)基于地理国情监测的湖泊与冰川监测

利用多期遥感影像数据、历史基础地理信息数据,结合野外实地调绘资料及有关专题数据,全国各地先后开展了青海湖、红碱淖、洞庭湖以及祁连山大雪山等典型生态环境变化监测。

1. 青海湖水面面积变化监测

青海湖是我国最大的内陆湖和咸水湖,也是青藏高原东北部的重要水汽来源,其面积演变反映了青藏高原整体生态环境的变化趋势。根据相关研究成果,1974—2016 年,青海湖水面面积总体上呈先减后增的变化趋势。2004 年水面面积最小,为 4 223.73 km²,比 1974 年减少 253.80 km²。1974—1987 年面积骤减。2000—2009 年青海湖水面面积变化幅度相对较小,平均变化幅度为 6.85 km²。2009—2016 年水面面积增加了 128.27 km²。2012 年青海湖水面面积骤增,比 2011 年增加 65.12 km²;2012 年 6 月和 9 月的面积变化量为 2002—2016 年最大,达到 59.18 km²。青海湖东岸沙岛岸线变化最为显著,1974—2004 年岸线后退最大距离达 4.59 km,2012 年的年内最大变化距离为 0.39 km。

2. 红碱淖水面面积变化监测

红碱淖地处陕蒙交界处,是中国最大的沙漠淡水湖。通过提取 1957—2015 年近 60 年红碱淖水面面积信息,并对其进行变化分析发现,1976 年红碱淖水面面积达到峰值,1976—2015 年红碱淖水面面积总体呈减少趋势。红碱淖水面面积先增后减,从 55.5 km² 减少至 28.7 km²,减少了 48.3%,总体呈减少趋势。

3. 洞庭湖生态经济区地理国情监测

1896—2016 年的 120 年间,洞庭湖面积呈先减少后趋于稳定的变化趋势。1998 年以前面积不断萎缩,从 5 146.71 km² 减少到 2 700.55 km²,减少了近一半。2010—2016 年洞庭湖区存在两处非法围垸,总面积为 23.06 km²,分别位于南洞庭湖的下塞湖和目平湖的天星洲。

4. 祁连山大雪山地区冰川变化监测

大雪山地区是祁连山西段最大的冰川分布区,也是疏勒河重要的水源地之一。在我国已有的两次冰川编目基础上,充分利用地理国情普查和监测成果,通过遥感和实地调查等技术手段对祁连山大雪山地区的冰川分布及变化进行监测。监测成果显示,自 2004 年以来,大雪山地区冰川面积持续萎缩,总面积减少了 7.45 km²,平均退缩率为每年 2%,部分大冰川分裂为小冰川,冰川破碎化程度不断增加。短期来看,冰川快速退缩使疏勒河径流量不断增加,为流域中下游地区带来更多水资源;但长远来看,随着冰川规模进一步缩小,冰川融水量达到顶点后会快速减少,将会严重影响和制约中下游地区经济发展和生态安全。

5. 全国海陆分界线变化监测

利用 2015 年、2016 年优于 2.5 m 的高分辨率卫星遥感影像,结合 908 专项(我国近海海洋综合调查与评价)成果、927 工程(国家重大海岛礁测绘专项工程)海岸线修测成果,结合野外实地调查,对全国沿海 11 个省(自治区、直辖市)的海陆分界线及陆域 2 000 m 地表覆盖变化进行监测。主要监测成果包括:2015 年、2016 年沿海 11 个省(自治区、直辖市)两期海陆分界线的空间分布数据,2015 年、2016 年陆域 2 000 m 地表覆盖数据,以及相关分析成果。

监测结果显示:2015—2016 年,新开发利用岸线长度约为 96 km,退养还海修复岸线长度约为 19 km;2015—2016 年,海岸带陆地地表覆盖类型约 10% 发生了转换,呈现自然地表减少、人工地表增加的趋势。

(三)基于地理国情监测的重点大气颗粒物地面污染源遥感监测

大气环境监测是测定大气中污染物的浓度，观察、分析其变化和对环境的影响。大气污染监测是测定大气中污染物的种类及浓度，观察其时空分布和变化规律。

大气污染物按其存在状态，分为粒状污染物和气态污染物两大类。根据污染物的存在状态，大气污染监测项目分为粒状污染物监测和气态污染物监测两大监测项目。其中，粒状污染物监测又分为总悬浮微粒监测、飘尘监测、降尘监测和粒状污染物成分监测；气态污染物监测包括二氧化硫、氮氧化物、一氧化碳、光化学氧化剂、氯化氢、氟化氢、总烃监测等。总之，大气环境监测项目是相当多的，实际上，在大气环境监测中，总悬浮微粒、二氧化硫、氮氧化物三项是必测项目，其他项目则要根据实际情况和监测目的进行选择。

2015 年 9 月 16 日，中国测绘科学研究院发布京津冀地区重要地理国情监测研究成果。成果表明：该地区重点大气颗粒物污染源增长明显，尽管该地区植被覆盖状况总体趋好，但仍然形成了北京—天津—唐山、石家庄—邢台—邯郸两个重污染带；城市空间扩展明显，占用耕地问题突出，并呈现加剧趋势；京津冀平原地区自 1992 年以来地表沉降总体上呈现不断加剧的趋势，平原地区地表沉降呈现三地沉降漏斗连接成片的趋势，可能会对地区内高速铁路等交通设施的运营、建筑物安全等造成影响。

监测结果显示：京津冀地区扬尘地表面积在 2007 年约为 2 930 km^2，2013 年约为 4 183 km^2，7 年增加了 1 253 km^2；其中变化最大的是建筑工地，增加了 456 km^2，占京津冀地区新增扬尘地表总面积的 36.4%，其次是堆放物和露天采掘场，分别占比 24.34% 和 18.11%。天津扬尘地表污染源面积增加最多，7 年时间增加了 296.60 km^2，其中以建筑工地增加为主，约占天津扬尘地表污染源总增量的 79.3%，这与近年来天津加速城市发展有直接关系，尤其是东部填海工程造成大面积的建筑工地污染源。

京津冀地区重点大气颗粒物排放企业 2013 年达 3.8 万余家，是 2007 年的 2.25 倍，主要为煤炭采矿、水泥建材和钢铁冶炼企业，这三类企业增加量占总增加量的 80%。其中排放企业数量增加最多的是唐山，有超过 4 000 家，其次是石家庄、保定和沧州；北京是唯一排放企业数量减少的城市，共计减少了 2 700 余家。

京津冀地区重要地理国情监测成果提供了及时、客观、详实的数据，特别是扬尘地表数据、城市空间变化数据、沉降监测数据等，及时填补了京津冀地区重要地理国情信息数据的空白，为京津冀地区大气环境治理、生态文明建设等提供了可靠的数据支撑和技术保障。

(四)基于地理国情监测的资源环境监测

资源的概念广阔而复杂，资源可划分为自然资源、人力资源和加工资源三种类型。资源的重要作用，在于其能为生产、生活所用，并带来一定的经济收益。

近年来，我国人口、资源与环境三者之间的矛盾成为制约社会经济发展的瓶颈。自然资源逐渐短缺、环境问题愈发严重等问题，直接导致资源进口量加大、成本增加等，对资源环境监测提出了迫切需求。资源环境监测是为了特定目的，按照预先设计的时间和空间，利用环境信息比较和资料收集的方法，对一种或多种环境要素、指标进行间断或连续的观察、测定，并分析其变化及对环境的影响。自然资源监测可跟踪土地资源、水资源、生物资源、矿产资源等的属性特征、分布规律及消耗情况，及时评估其对经济效益的影响，为社会、资源、环境之间的可持续发展提供技术支持及保障。

资源环境监测从经济发展角度对社会、资源、环境的关系进行观测与评价分析，从而为资源管理、资源环境保护政策实施、防灾减灾、国防军事、百姓民生等提供依据，以达到缓解人口、资源、环境之间的矛盾的目的。水资源监测是实施最严格水资源管理制度的基础，目的是保护水资源，改善水环境，保障水安全。森林资源监测制度是我国森林资源管理的基本制度之一，目的是为制订和调整林业方针、政策、规划等提供依据，为评估林业建设成效、考核干部任期目标等提供依据。海洋资源监测是海洋环境预测预报、防灾减灾的基础，是保护海洋环境的关键，为海洋资源利用和海洋综合管理提供技术支持，为沿海经济与社会可持续发展提供对策建议，为海洋军事活动提供重要保障。矿产资源监测是为矿山建设设计提供矿产资源储量和开采技术条件等必需的地质资料，以减少开采风险和获得最大的经济效益。

因此，从监测目的上分析，无论是地理国情监测还是资源环境监测都是基础性、公益性工作，都是为监测要素现状的掌握、规律的了解、趋势的把握、决策的制定提供保障依据。地理国情监测是一项测绘工作，也是一项国情研究工作，是利用测绘地理信息手段表达地表要素变化特征，其重点是从地理空间着手，研究资源环境在空间上的动态变化规律，探讨合理布局，协助追求资源环境可持续发展的目标。这正是其他各类自然资源监测的短板。

资源环境要素的空间位置与分布、空间关系监测为资源环境监测中的一项内容，但资源环境监测不仅限于此。在资源环境监测中，监测对象为各资源环境因子，监测的重点在于资源环境要素的属性特征，其空间特征只是监测的一个方面，以森林资源监测、水资源监测、海洋资源监测、矿产资源监测为例，不同的资源环境监测包含的监测要素大有不同，见表 8.1。

表 8.1　资源环境监测与地理国情监测的内容对比

监测类型	监测内容	监测要素	利用测绘地理信息手段可监测的内容
水资源监测	地表水资源、地下水资源	水质、水位、水量	水资源和水环境的变化位置信息、变化类型信息、变化数量质量信息
森林资源监测	国家森林资源连续清查（简称一类清查）、森林资源规划设计调查（简称二类调查）、森林作业设计调查（简称三类调查）、森林资源状况年度核查调查（简称年度核查调查）	森林资源现状（各类森林面积、蓄积及其生长量）、森林资源消耗量及其消耗结构、造林保存率和新成林面积、预测森林资源发展趋势	地理空间因子，如地理坐标、地形地貌、海拔、植被覆盖面积、范围等
海洋资源监测	可再生资源与不可再生资源	生物、矿产、旅游、港口交通、动力能源、盐业和化学等的监测与调查	对海洋环境常规要素、海岸变异、海冰、溢油、赤潮、洪水入海等影响范围等实施监测
矿产资源监测	勘查区地质、矿体地质、开采技术条件、矿石加工技术性能和综合评价等	与成矿有关的地层、构造、岩浆岩、变质岩、围岩蚀变等区域地质和矿区情况，矿体特征、矿石特征、矿石物质组成、矿石质量特征，开采技术条件等	矿山地质测量中的矿区位置、范围及矿产储量等

续表

监测类型	监测内容	监测要素	利用测绘地理信息手段可监测的内容
地理国情监测	自然地理要素监测、人文地理要素监测、专题地理要素监测	地形、水系、湿地、冰川、沙漠、地表形态、地表覆盖、道路、城镇等	—

在不同的资源环境监测过程中，可采取不同种方式方法，如表 8.2 所示。

表 8.2　资源环境监测与地理国情监测方法对比

监测类别	监测方法	技术手段
水资源监测	基于实验室常规监测	通过设置断面，监测站定时、定点顺势取样，进行现场测定或带回实验室分析
森林资源监测	常规固定样地调查、遥感判读样地调查、社会调查、专项调查试点	抽样技术、模型技术、实验技术、信息技术等
海洋资源监测	水体、生物、沉积物中污染物或指标的监测	卫星遥感、航空遥感、船舶监测、浮标监测、岸基站监测、实验室分析检测等
矿产资源监测	地质、地球物理、地球化学、遥感等方法结合	—
地理国情监测	—	遥感技术（侧重于空间位置现状、变化数据获取）、GIS 技术（侧重于时空数据管理、数据分析信息共享等）、地理和社会经济调查与地理编码技术（侧重于属性数据的获取、属性数据的空间化技术等）

通过表 8.1、表 8.2 可以看出，在资源环境监测中，地理国情监测主要用于地理空间要素的动态和定量化监测，掌握空间变化特征与规律，从而为资源环境要素的开发、保护等提供依据。

（五）基于地理国情监测的城市形态监测

城市作为一个复杂系统的适应系统，始终处于动态发展变化中，这种变化在时空维度上表现为城市用地的扩展和空间形态的改变。目前，城市空间扩展研究主要集中在城市空间形态、扩展模式和驱动力、城市扩展模型及预测方面。研究案例表明，受生态资源环境、交通便利性和城市规划等因素的制约，城市空间扩展模式主要有轴向、圆形、扇形和多核心扩展模式，其中圆形被认为是城市空间扩展模式的理想类型。在人口增长、经济发展、城市化进程不断加快的今天，城市的外延扩张日益显著，并且出现了难以控制的趋势。明晰城市的扩展变化及揭示城市的生长过程和演化规律，有利于预测、引导和调控城市未来的发展，有助于分析和解决城市社会经济发展中的诸多问题。在地理国情监测数据的基础上，通过采集城市边界信息，可以对城市边界的变化进行监测分析。

以北京为例，北京城市空间扩展为多核心扩展模式。基于地理国情监测数据对城市空间格局变化进行统计分析，如表 8.3、表 8.4 所示。2000—2005 年北京城区中心斑块群扩展速度为 12.80 km^2/a，2005—2010 年扩展速度为 18.80 km^2/a，2010 年以后扩展速度下降，2010—2015 年扩展速度为 6.84 km^2/a，但是 2015 年后又开始加速，2015—2016 年扩展速度为 16.08 km^2/a。2000—2016 年，整体扩展速度为 13.02 km^2/a，其间 2010—2015 年扩展速度较为缓慢，主要以城市内部建设为主。

表 8.3　北京城区中心斑块群 2000—2016 年各监测时段各指标统计

时间段	指标	北京城区中心斑块群
2000—2005 年	扩展速度/(km^2/a)	12.80
	扩展强度/%	1.87
2005—2010 年	扩展速度/(km^2/a)	18.80
	扩展强度/%	2.51
2010—2015 年	扩展速度/(km^2/a)	6.84
	扩展强度/%	0.81
2015—2016 年	扩展速度/(km^2/a)	16.08
	扩展强度/%	1.84
2000—2016 年	扩展速度/(km^2/a)	13.02
	扩展强度/%	1.90

表 8.4　北京城区中心斑块群 2000—2016 年各监测时段各方位指标统计

时间段	指标	正北	东北	正东	东南	正南	西南	正西	西北
2000—2005 年	扩展速度/(km^2/a)	2.204	0.562	1.234	4.130	2.064	0.266	0.250	2.094
	扩展强度/%	2.560	0.880	1.040	5.150	2.740	0.400	0.210	2.880
2005—2010 年	扩展速度/(km^2/a)	5.304	0.268	2.756	5.364	1.024	0.374	1.588	2.028
	扩展强度/%	5.460	0.400	2.210	5.320	1.190	0.550	1.310	2.440
2010—2015 年	扩展速度/(km^2/a)	0.366	0.424	0.730	2.418	0.840	0.530	0.704	0.918
	扩展强度/%	0.300	0.620	0.530	1.900	0.920	0.760	0.540	0.980
2015—2016 年	扩展速度/(km^2/a)	0.990	0.170	3.400	2.960	3.010	3.030	2.420	0.110
	扩展强度/%	0.160	0.050	0.480	0.420	0.630	0.830	0.360	0.020
2000—2016 年	扩展速度/(km^2/a)	2.520	0.400	1.690	3.910	1.420	0.560	0.960	1.580
	扩展强度/%	2.930	0.630	1.420	4.880	1.880	0.830	0.790	2.170

从表 8.3 和表 8.4 可以看出，北京城区中心斑块群 2000—2016 年扩展速度为 13.02 km^2/a，扩展强度为 1.90%。其中东南方向扩展速度最快，扩展速度达到为 3.910 km^2/a，扩展强度为 4.880%。从监测时段来看，2005—2010 年扩展最快，扩展速度达到 18.80 km^2/a，扩展强度为 2.51%。2005—2010 年东南方向扩展仍是最快的，扩展速度达到了 5.364 km^2/a，正北方向的扩展速度是 5.304 km^2/a，扩展强度为 5.460%。2000—2016 年北京城区扩张主要位于东南方位，其次是正北方位。16 年来，2000—2005 年城市扩展迅速，主要以外部扩展为主，而 2005—2010 年城市扩展缓慢，主要是以市内部建设为主。

（六）基于地理国情监测的城市热岛监测

城市热岛效应是指城市化的发展导致城市中的气温高于外围郊区的气温。在气象学近地面大气等温线图上，郊区气温变化很小，如同一个平静的海面，而城市区域则是一个明显的高温区，如同突出海面的岛屿，由于这种岛屿代表高温的城市区域，所以就被形象地称为城市热岛。在夏季，城市局部地区的气温能比郊区高 6℃，甚至更高，形成高强度的热岛。

城市热岛的形成与城市化的发展密不可分，其形成的直接原因表现在以下四个方面：

(1)城市下垫面（大气底部与地表的接触面）特性的影响。城市内大量建（构）筑物如铺装地面、建筑墙面等，改变了下垫面的热属性。城市地表含水量少，热量更多地以显热形式进入空气中，导致空气升温。同时城市地表对太阳光的吸收率比自然地表高，能吸收更多的太阳辐射，空气得到的热量也更多，进而使温度升高。如夏天草坪温度为32℃、树冠温度为30℃的时候，水泥地面的温度可以达到57℃，柏油马路的温度更高，可达到63℃，这些高温物体形成巨大的热源，使城市周围的大气和人们的生活环境温度升高。

(2)城市大气污染的影响。城市中的机动车辆、工业生产以及大量的人群活动，产生了大量氮氧化物、二氧化碳、粉尘等，这些物质可以大量地吸收环境中热辐射的能量，产生温室效应，引起大气的进一步升温。

(3)人工热源的影响。工厂、机动车、居民生活等需要燃烧各种燃料、消耗大量能源，燃烧就会排放热量。

(4)城市自然下垫面减少。城市的建筑、广场、道路等大量增加，绿地、水体等自然要素相应减少，放热的多了，吸热的少了，缓解热岛效应的能力就被削弱了。

从2015年8月以来，我国采用先进的遥感技术、地理信息技术与地面调查相结合的方法，基于地理国情监测对各大城市主城区的城市热岛进行监测，取得了丰富的监测成果。

(七)基于地理国情监测的公共卫生监测

公共卫生监测是长期、连续、系统地收集公共卫生的动态分布及其影响因素的资料，经过分析将信息上报、反馈、传达给决策者、卫生部门工作者和公众等，以便及时采取干预措施并评价其效果。

1. 公共卫生监测的三大要素

(1)连续、系统地收集疾病或其他卫生事件资料，发现其分布特征和发展趋势。

(2)对原始监测资料进行整理、分析、解释，将其转化成有价值的信息。

(3)及时反馈信息，利用信息制订或者调整策略和措施。

2. 公共卫生监测的目的

(1)确定主要的公共卫生问题，掌握其分布和趋势。

(2)查明原因，采取干预措施。

(3)评价干预措施效果，预测疾病流行趋势。

(4)制订公共卫生策略和措施。

3. 公共卫生监测的内容和方法

(1)信息资料的收集。

(2)资料的整理和分析。

(3)监测信息的交流及其反馈。

(4)交流情报信息。

(5)评价对策。

4. 基于地理国情监测的公共卫生监测

(1)用于疾病监测。

(2)展示疾病的时空分布，实现信息可视化。

(3)用于疾病数据的探索性分析。

(4)用于对疾病干预措施和效应的评价。

(5)用于疾病预警预测。

任何疾病的发生、发展都有其本身的规律，因此，必须掌握这些规律，并采取相应的策略和措施，达到预防、控制疾病，最终消灭疾病，促进健康的目的。

三、学习考核

(一)思考题

1. 地理国情监测常见的应用领域包括哪些?

2. 地理国情监测在城市空间扩展中是如何应用的?

3. 在地理国情监测中,目前常用的技术和手段有哪些?

(二)练习题

1. 查阅、梳理通过 ArcGIS 软件平台实现水体面积变化动态监测的技术方法,并尝试利用通过公共平台所获取的数据,分析关注区域重要水体面积变化情况。

2. 分析你所关注区域城区面积动态变化情况。

(三)测试题

从 91 卫图助手下载两期(间隔 5 年以上)遥感影像,采用相应的方法研究两期遥感影像的土地利用情况,对土地利用和地表覆盖变化进行监测与分析。

参考文献

李建松，周军其，2014．地理监测原理与应用[M]．武汉：武汉大学出版社．

史文中，2016．地理国情监测理论与技术[M]．北京：科学出版社．

国务院第一次全国地理国情普查领导小组办公室，2013．地理国情普查基础知识[M]．北京：测绘出版社．

国务院第一次全国地理国情普查领导小组办公室，2013．地理国情普查内容与指标[M]．北京：测绘出版社．

国务院第一次全国地理国情普查领导小组办公室，2013．地理国情普查数据采集技术方法[M]．北京：测绘出版社．

国务院第一次全国地理国情普查领导小组办公室，2013．地理国情普查基本统计[M]．北京：测绘出版社．

国务院第一次全国地理国情普查领导小组办公室，2013．地理国情普查数据库建设技术方法[M]．北京：测绘出版社．

国务院第一次全国地理国情普查领导小组办公室，2013．地理国情普查质量控制与检验[M]．北京：测绘出版社．

全国地理信息标准化技术委员会，2019．地理国情普查成果图编制规范：CH/T 4023—2019[S]．北京：测绘出版社．

全国地理信息标准化技术委员会，2019．基础性地理国情监测内容与指标：CH/T 9029—2019[S]．北京：测绘出版社．

骆成凤，许长军，曹银璇，等，2017．1974—2016 年青海湖水面面积变化遥感监测[J]．湖泊科学，29(5)：1245-1253．